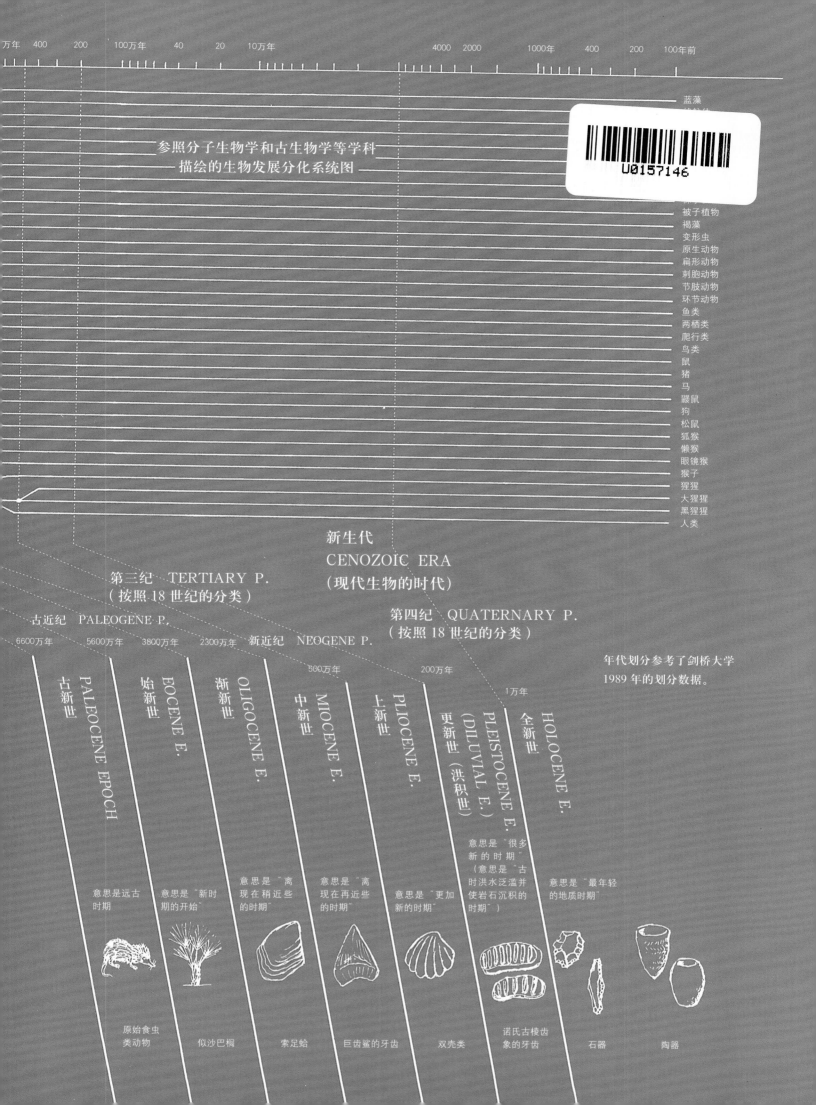

参照分子生物学和古生物学等学科
——描绘的生物发展分化系统图——

万年 400   200   100万年   40   20   10万年   4000 2000 1000年 400   200   100年前

蓝藻
被子植物
褐藻
变形虫
原生动物
扁形动物
刺胞动物
节肢动物
环节动物
鱼类
两栖类
爬行类
鸟类
鼠
猪
马
鼹鼠
狗
松鼠
狐猴
懒猴
眼镜猴
猴子
猩猩
大猩猩
黑猩猩
人类

新生代
CENOZOIC ERA
（现代生物的时代）

第三纪 TERTIARY P.
（按照 18 世纪的分类）

古近纪 PALEOGENE P.

第四纪 QUATERNARY P.
（按照 18 世纪的分类）

6600万年   5600万年   3800万年   2300万年   新近纪 NEOGENE P.

500万年   200万年

1万年

年代划分参考了剑桥大学
1989 年的划分数据。

古新世
PALEOCENE E.
PALEOCENE EPOCH

始新世
EOCENE E.

渐新世
OLIGOCENE E.

中新世
MIOCENE E.

上新世
PLIOCENE E.

更新世
PLEISTOCENE E.
（DILUVIAL E.）
（洪积世）

全新世
HOLOCENE E.

意思是远古
时期

意思是"新时
期的开始"

意思是"离
现在稍近些
的时期"

意思是"离
现在再近些
的时期"

意思是"更加
新的时期"

意思是"很多
新的时期"
（意思是"古
时洪水泛滥并
使岩石沉积的
时期"）

意思是"最年轻
的地质时期"

原始食虫
类动物

似沙巴桐

索足蛤

巨齿鲨的牙齿

双壳类

诺氏古棱齿
象的牙齿

石器

陶器

图书在版编目（CIP）数据

加古里子人类图鉴 / (日) 加古里子著；丁虹译 . —— 济南：山东文艺出版社 , 2020.2

ISBN 978-7-5329-5984-6

Ⅰ . ①加… Ⅱ . ①加… ②丁… Ⅲ . ①人类进化 – 普及读物 Ⅳ . ① Q981.1-49

中国版本图书馆 CIP 数据核字 (2019) 第 285493 号

著作权登记图字：15–2019–339

NINGEN (Human Being)
Text & Illustrations © Kako Research Institute Ltd. 1995
Originally published by FUKUINKAN SHOTEN PUBLISHERS, INC., Tokyo, 1995
Simplified Chinese translation rights arranged with FUKUINKAN SHOTEN
PUBLISHERS, INC., TOKYO.
through DAIKOUSHA INC., KAWAGOE.
All rights reserved.

加古里子人类图鉴

（日）加古里子 著

丁 虹 译

责任编辑 陈研研		**特邀编辑** 吴文静 黄 刚		
装帧设计 陈 玲		**内文制作** 陈 玲		

主管单位 山东出版传媒股份有限公司
出　　版 山东文艺出版社
社　　址 山东省济南市英雄山路189号
邮　　编 250002
网　　址 www.sdwypress.com
发　　行 新经典发行有限公司　电话（010）68423599

读者服务 0531-82098776（总编室）
　　　　　　0531-82098775（市场营销部）
电子邮箱 sdwy@sdpress.com.cn

印　　刷 北京尚唐印刷包装有限公司
开　　本 635mm×965mm　1/8
印　　张 7.5
字　　数 30千
版　　次 2020年2月第1版
印　　次 2021年4月第3次印刷
书　　号 ISBN 978-7-5329-5984-6
定　　价 79.00元

加古里子
人类图鉴

〔日〕加古里子 著　　丁虹 译　　高源 江晓丹 审订

山东文艺出版社

从没有时间、空间和物质的世界到有重力的宇宙诞生

10^{-43} 秒后，大小为 10^{-33} 厘米，温度为 10^{32}K。宇宙大爆炸开始。
10^{-35} 秒后，大小为 10^{-26}~1 厘米，温度为 10^{28}K。宇宙迅速扩张，夸克和强力产生。

10^{-11} 秒后
大小为 10^8 千米。温度为 10^{16}K。弱力、电磁力、电子等产生。

0.1 秒后
大小为 1 光年。温度为 10^{11}K。反物质消失，物质世界形成。

100 秒后
大小为 100 光年。温度为 10^9K。各类原子核形成，元素合成结束。

— 宇宙大爆炸 —
在宇宙形成初期，高温和高密度引发了爆炸。现在宇宙中的 3K 背景辐射*就是那时候残留下来的。

* K 为绝对温度（开氏度），开氏度 = 摄氏度 +273。3K 背景辐射是一种充满整个宇宙的电磁辐射。科学家们认为，发生大爆炸时，宇宙的温度是极高的，之后慢慢降温，到现在还残留着 3K 左右的热辐射。

1 宇宙的开端

在距今约 150 亿年的远古时代，发生了一件对人类来说意义重大的事件，它被学者们称为"宇宙大爆炸"。

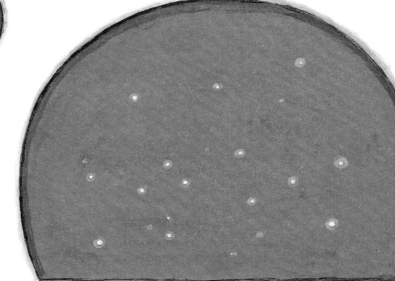

5 万年后
宇宙中出现晴空，大小为 1000 万光年。温度为 4000K。宇宙散发着光芒，它的模样终于可以一览无余了。

在宇宙形成的初期，没有物质、时间和空间之分，宇宙只是一个极其微小的世界。但是，以 150 亿年前宇宙的"波动"为开端，持续的高温引起了巨大的爆炸，其迅猛的气势使物质开始向外膨胀，于是，宇宙开始向四面八方扩张。
生命的历史便从这里开始了。

大爆炸发生之后，宇宙在向外扩张的过程中，产生出重力、电磁力等作用于物质的力量，构成物质的最基本形态——"粒子"形成了。不久，气态物质也逐渐成形。

— 作用于物质的力 —
使原子核聚合的强力和电磁力，使原子核分裂的弱力和重力，这是宇宙间的 4 种基本力。

— 组成物质的基本粒子 —
组成物质的微粒——原子，由质子和中子构成，而质子和中子又由夸克等基本粒子构成。

随着宇宙的逐渐壮大，四处开始出现一个个"村落"，不同的地方产生了气团，温度也产生了差异。

大的气团聚集在一起，形成了一些漩涡状的星系。在各个星系之中，气体仍在继续聚集、扩散，聚集、扩散，如此循环往复，最后，便形成了许许多多亮闪闪的星星。其中，有一颗很亮的星星，后来被人类称为"太阳"。

30 亿年后
恒星诞生，银河系形成。
宇宙大小为 50 亿光年。
温度为 10K。

漂浮在宇宙里的气体和物质的尘埃逐渐汇集，形成星星。

70	60	50	40	30	20	10亿年前	0 (现在)

太阳系形成　地球诞生　生命起源　　　　　　　　　　　　　生物的时代

太阳系诞生。

环绕在太阳周围的气体。

太阳系中的行星形成。

2 地球和海洋的诞生

大约50亿年前，在刚刚诞生的太阳周围，到处飘荡着气体和陨石，它们一边运转，一边发生碰撞，逐渐聚成了一些巨大的石块。后来，绕太阳旋转的第三大石块，成了我们现在居住的"地球"的雏形。

当大量陨石猛烈撞向刚刚诞生的地球时，一个靠近地球的巨大行星被地球的引力吸引，成了"月亮"。

不断坠落的陨石和星星的碎片，被坠落、撞击过程中产生的热量熔解、蒸发，形成了厚厚的"云"。在云的覆盖和内部产生的热量的共同作用下，地球逐渐升温、变热，形成了"岩浆"。

陨石

陨石是落在地球上的星星碎片，虽然陨石主要是由石头和铁块构成的，但由于飞向地球的速度极高，它们会在与空气摩擦时产生巨大的热量，发生燃烧，这就是流星。

厚厚的云层

由于温度极高，陨石被熔化、蒸发，变成气体和微粒子，形成了云，这样的云层一直扩散到了地球上空数百千米的地方。

(1) 行星的碰撞和月亮的诞生
另一种说法是，某颗行星在运行过程中与地球发生碰撞，一部分星体飞了出去，形成月亮。

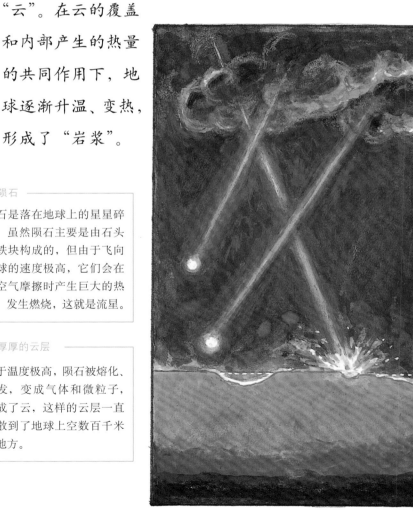

(2) 陨石落下和岩浆的形成　1500～1700K

坠落的陨石开始逐渐减少，地球的温度在一点点地下降。从覆盖在地球上空的厚厚云层里，降下了滚烫的大雨。但是，雨滴一接触到炽热的岩浆马上就蒸发了，又形成了云，然后再下起瀑布般的大雨。这样的热雨一下就是好几千年。

直到有一天，地表的温度终于降了下来，地球的低洼地带积聚了大量的水。厚厚的云层逐渐散开，遍布陆地和海洋的地球，第一次被太阳的光芒照亮了。

热雨

温度约为 300℃ 的滚烫雨水。

（4）热气层和云散开后，天晴了。　60 标准大气压。150℃

（3）滚烫的大暴雨和海洋的形成　200 标准大气压。650K

3 最初出现的生命

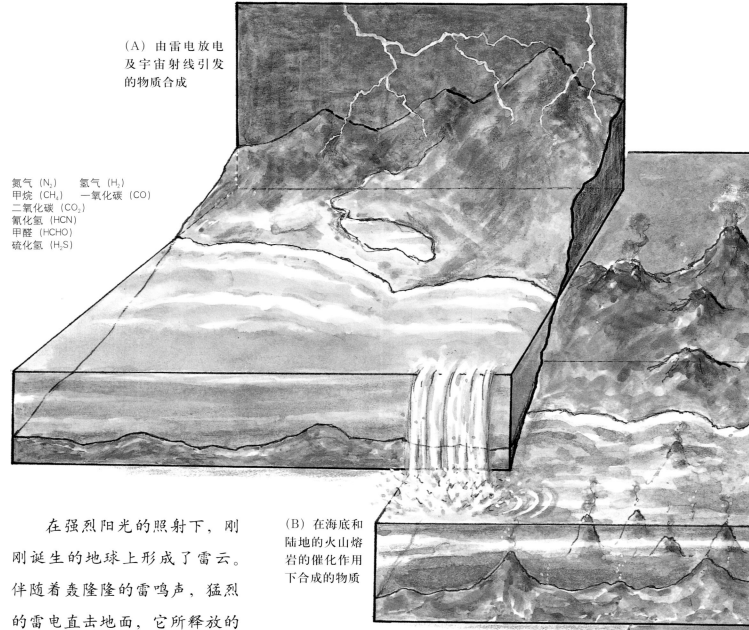

（A）由雷电放电及宇宙射线引发的物质合成

氮气（N₂） 氢气（H₂）
甲烷（CH₄） 一氧化碳（CO）
二氧化碳（CO₂）
氰化氢（HCN）
甲醛（HCHO）
硫化氢（H₂S）

（B）在海底和陆地的火山熔岩的催化作用下合成的物质

氨气（NH₃） 氨基酸 核酸
无机盐 脂肪酸 有机高分子
聚合物 团聚体*

* 有生物学家认为大分子蛋白质和核酸的溶液混合在一起时会形成"团聚体"，团聚体会表现出一定的生命迹象。

在强烈阳光的照射下，刚刚诞生的地球上形成了雷云。伴随着轰隆隆的雷鸣声，猛烈的雷电直击地面，它所释放的巨大能量，使得包裹住地球的气体发生了化学反应，合成了各种各样的物质，这些物质又融入了海水之中。

另一方面，陆地上和海洋中的火山喷发出的各种气体和物质，也混合到了云和海水里，这对新物质的形成起到了重要的辅助作用。

— 化学进化 —

无机小分子物质组合形成有机小分子物质，再组合成有机大分子物质的过程。这些有机大分子集中在一起，生成了生命。化学进化是处于生物进化之前的时代。

— 原核生物 —

具有蛋白质和核酸结构的一类生物，如细菌、蓝藻等，大多需寄生在其他生物上才能繁殖。

同时，在阳光中强烈紫外线的作用下，物质之间发生了各种化学反应。当时，月亮距离地球比现在近得多，在月球引力的影响下，形成了激荡的海潮。

海潮的浪涛与飞沫被紫外线照射后，又形成了复杂的化合物。于是，海水就变成了一锅配料丰富的"汤"。

在这碗丰盛的"汤"中，逐渐形成了各种成分不同、结构不同的复杂化合物。大约在38亿年前，地球上最初的生物——现代微生物的祖先诞生了。该生物从周围的"汤"里获取物质和能量，并且能将一种可以称为"生命设计书"的信息记录到一盘极小的"磁带"里，然后一个接一个不断地进行复制和播放。

这样又过了大约20亿年，出现了同时具备完整形体和复杂功能的生物。

再过了10亿年左右，又出现了具有相互协作的组织的多细胞生物。

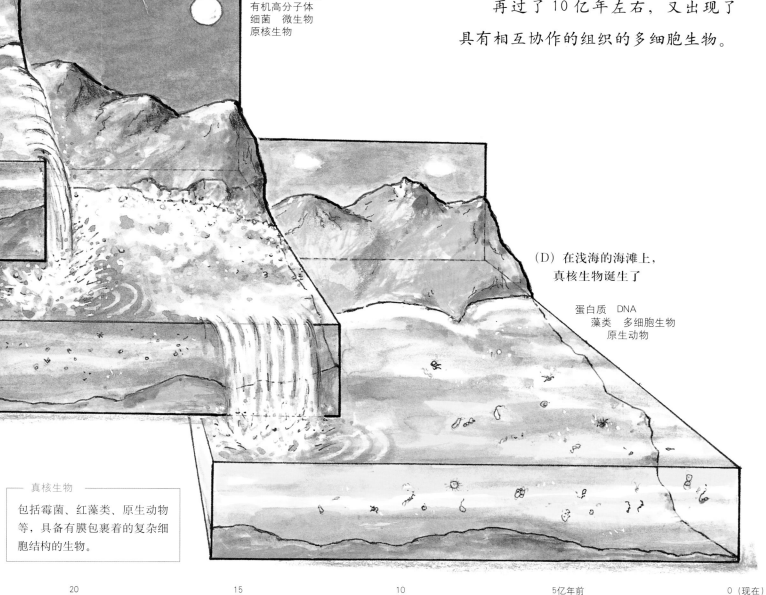

（C）由于紫外线和宇宙射线的照射，以及月球引力引发的潮汐，各种复杂物质形成了

原始代谢　发酵
有机高分子体
细菌　微生物
原核生物

（D）在浅海的海滩上，真核生物诞生了

蛋白质　DNA
藻类　多细胞生物
原生动物

真核生物

包括霉菌、红藻类、原生动物等，具备有膜包裹着的复杂细胞结构的生物。

20　　　　　15　　　　　10　　　　　5亿年前　　　　　0（现在）

真核生物的祖先　　　元古代　　　多细胞生物

4 海洋生物和鱼类的出现

诞生在海洋里的生命们，对"生命设计书"一点点地进行着改变、添加，形成了具有各种器官与不同生理功能的新物种。到了大约6亿年前，更是大量涌现出各种奇形怪状的生物。

这些生物大部分都在接下来的时期里灭绝了，但海水中的氧气由于微生物和藻类的大量繁殖日渐增加，随之便出现了能利用氧气得到许多能量的生物。它们之中，有的发展出敏捷捕食的能力，有的则发展出从强敌手中逃脱的能力，还出现了贝类等具有坚硬外壳的物种。

—— 生命设计书 ——
存在于细胞里的脱氧核糖核酸（DNA）能够传递生物的形态和生命机能信息，并进行复制，所以经常被称为"生命设计图"。而它又是一个记载化学物质间联系的记录器，所以我在本书中称它为"设计书"。

奥陶纪的海中世界

三叶虫

—— 古生代的生物 ——
在加拿大、中国澄江和格陵兰岛等地，有关古生代化石的世界性研究取得了很大的进展。于是，我们所了解到的有关古生物的信息越来越多。特别值得一提的是在寒武纪，出现了一万多种新物种，这被称为"生命大爆发"。

志留纪的海中世界

海蝎

鳍甲鱼

鹦鹉螺

邓氏鱼

粒骨鱼

甲胄鱼

亚兰达甲鱼

裂口鲨

伪鲛

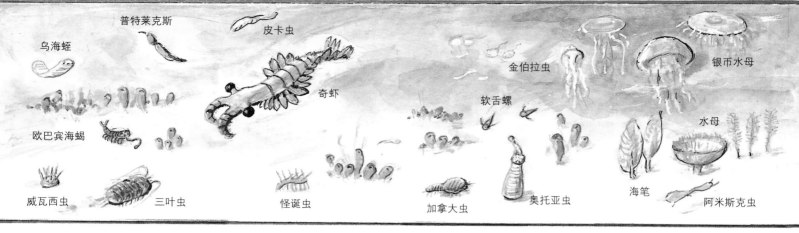

乌海蛭　普特莱克斯　皮卡虫　金伯拉虫　银币水母　软舌螺　水母　欧巴宾海蝎　奇虾　威瓦西虫　三叶虫　怪诞虫　加拿大虫　奥托亚虫　海笔　阿米斯克虫

海百合　直角石　腕足动物　三叶虫　三叶虫　瑞芬贝　腹足动物　腕足动物

鹦鹉螺　广翅鲎 hòu　板足鲎

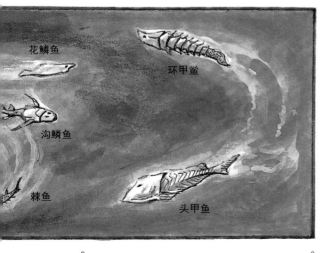

花鳞鱼　环甲鲎　沟鳞鱼　棘鱼　头甲鱼

泥盆纪的海中世界

　　身体外裹着铠甲般坚硬的表皮或外壳的海洋生物曾经盛极一时，之后，为了能更自由自在地在海里畅游，这些生物的身体又出现了一系列变化。比如，出现了一些鱼类，它们具有柔韧的、可自由弯曲的脊椎，还有鳍和尾巴，并能用鳃呼吸。这些出现在4亿年前的鱼类，成了包括人类在内的所有脊椎动物的远祖。

泥盆纪的生物

栅鱼

拉蒂曼鱼

肺鱼

鱼石螈 yuán

真掌鳍鱼

拟步甲

石炭纪的生物

古鳅类

西蒙螈（二叠纪）

巨头螈

二叠纪的生物

蚓螈

中龙

5 植物和动物登陆

当除了海洋，湖泊和河流里也逐渐有了鱼类的时候，原本在海里繁殖的藻类渐渐蔓延到了海岸附近，不久便成了陆上植物的祖先。随着陆上植物的增加，在植物的光合作用下，地球大气层里的氧气也渐渐增多。继植物登陆后，海洋中的甲壳动物们也陆续登陆，它们成了现在的昆虫类和蜘蛛类动物的祖先。

另一方面，在潮间带*之类的地方生活的鱼类中，出现了离开海水仍能呼吸的生物，它们借助鱼鳍来爬行。这些生物既能在陆地生活，又能在水里生活，于是，两栖类动物诞生了。

———— 大气中的氧气 ————

最初，地球的大气之中并没有氧气。随着氧气的增加，有的生物灭绝了。不过，氧气在紫外线的作用下形成了臭氧层，而臭氧层可以保护地球上的生物免受紫外线的伤害，因此总体来说，氧气对地球上的生物是有利的。

*指大潮期最高潮位和大潮期最低潮位之间的海岸。

在气候潮湿的地方，植物大量繁衍，形成了大片的森林，那里也生活着两栖类动物。随后，植物中逐渐出现了在干燥的地方和干旱的气候里也能生存的品种，如原始的裸子植物等。它们即便远离水边也能长得非常高大，形成森林。不久，靠吃这些大树的树叶为生的爬行类动物出现了，并日趋强盛。

这些事实告诉人类：植物和气候与动物的生活有着密切的联系，环境对生物来说具有非常重要的意义。

巨脉蜻蜓

笠头螈

古昆虫

异齿龙

鸟鳄龙

派克鳄

原颚龟

板龙

原鳄

腔骨龙

三叠纪的生物

6 恐龙的兴盛与灭绝

　　爬行类生物在远离水边的地方也能生存，并拥有"用外壳坚硬的蛋（羊膜卵）繁殖后代"的"生命设计书"。在它们持续繁盛2亿年之后，地球生物中的王者出现了，这种大型陆地爬行动物被称为"恐龙"，中生代是恐龙的鼎盛期，被称为"恐龙的王朝"。而这些恐龙，在距今6500万年前的"白垩纪大灭绝"中逐渐灭绝。

> 恐龙
>
> 英文名字"Dinosaur"的原意是"令人恐惧的蜥蜴"，是中生代时期生活在陆地上的爬行动物。

始祖鸟

侏罗纪的生物

大眼鱼龙

风神翼龙

翼手龙

暴龙

无齿翼龙

古海龟

副栉龙

海王龙

黄昏鸟

三角龙

鱼鸟

白垩纪的生物

梁龙

喙嘴翼龙

双型齿翼龙

双脊龙

重龙

剑龙

短颈龙

迷惑龙

腕龙

鱼龙

蛇颈龙

硬椎龙

薄板龙

在这一时期，植物世界里出现了许多新品种，地球上的植被发生了巨大变化。后世的人们在反复研究后推断，这时有巨大的小行星撞击地球，还发生了火山大爆发，如此种种灾难改变了地球的气候，导致恐龙的大灭绝。

在这场"大灭绝"中，并不是所有的生物都死亡了，也有许多生物活了下来，如蜥蜴的祖先、乌龟的祖先等小型爬行动物，从某种爬行动物演化出的长有羽毛的鸟类，以及一些会精心抚育幼仔的生物，等等。

从上述情况中可以看出，生物的历史是由自然的结构和法则与所有偶然事件共同决定的。

恐龙（原角龙）的骨骼和
小型啮齿类哺乳动物。

1亿年前　　　　　　　　　　　　　0.5　　　　　　　　　　　　0

白垩纪　　　　　　　　　　　　　　　　新生代

7 鸟类和哺乳类动物的时代

地球上的大型爬行动物消失后，鸟类和老鼠之类的原始哺乳动物取代了它们的霸主地位，登上历史舞台。虽然体型都很小，但它们拥有羽毛或毛皮，以及温暖的血液，还具备可以开展高效生命活动的"生命设计书"，能够应付地球环境的各种巨大变动和寒冷的气候。

古鸟类

始新世的生物

牛鼷兽
lie

始雷兽

古食肉类动物

古鸟类

渐新世的生物

古猫

冠齿兽

始祖马

古巨猪

鹿驼

原角鹿

副跑犀

小古驼

草原古

始猫

原始貘
mò

石爪兽

奇角鹿

中新世的生物

古鹿

上新世的生物

哺乳类

用乳腺分泌的乳汁哺育幼仔的一类脊椎动物，一般皮肤上有毛，被统称为"兽类"。

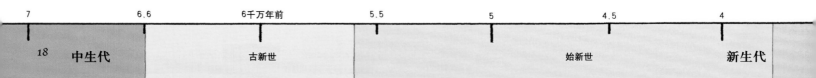

哺乳动物拥有能够适应新环境的器官，还有"细心呵护培养幼仔"的复杂的"生命设计书"，所以在地球上大量繁殖起来。它们在各自的生存环境中，让身体的各部分得到了进一步锻炼，比如，有了能更好地寻找食物的大脑、咀嚼东西的牙齿和充分消化食物的器官等等。它们的身体变得更加发达，并继续慢慢地发生着改变。

严酷的自然，给一些生物带来了灭顶之灾，但是能够度过严峻考验的生物，会在自己的"生命设计书"里添加新的内容。随着这样的演化过程，人类出现了。

---食物和牙齿---

动物们的牙齿，有的尖而锋利，有的却像臼一样呈半圆形，这是在演化过程中根据食物的种类及特点决定的。从长期来看，下颌的形状和大小都会渐渐改变。

原始火烈鸟

嵌齿象

畸鸟

郊熊

猛犸象

恐狼

乳齿象

河狸

真马

畸鸟

剑齿虎

舌懒兽

大地懒

野牛

雕齿兽

第四纪更新世的生物

| 3 | | 2.5 | | 2 | | 1.5 | | 1千万年前 | | 0.5 | | 0 |

| 渐新世 | 中新世 | 上新世 | 第四纪更新世 |

8 人类的祖先及其演化史

在种类繁多的鸟类和哺乳类动物当中，有一些体大力强的物种，但其中并不包括人类的祖先。在数量众多的哺乳动物中，有一种是猿猴的祖先。它们过去一直在森林里的树上生活，后来陆续来到草原，开始在那里生活。最初，它们行走时也会使用前肢，但后来，为了能看得更远，它们开始尝试用后肢站立，用前肢拿棍棒和石头，于是便一点点向人类演化。

恐鸟
高 3.5 米
更新世的大型鸟类

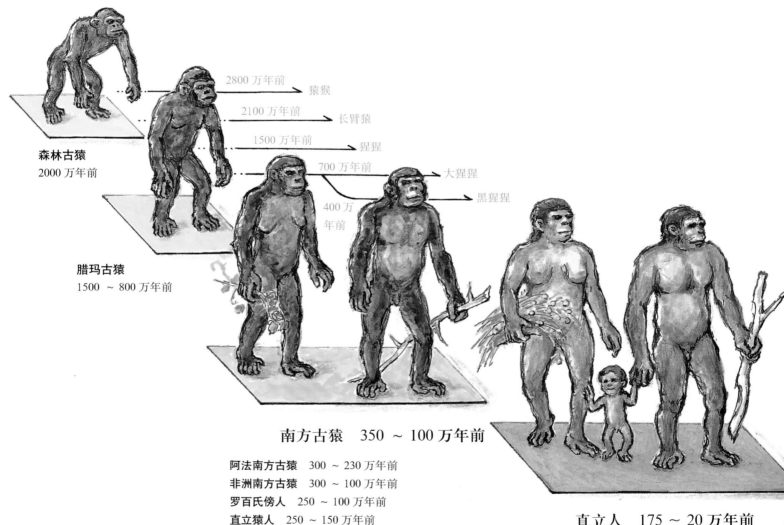

森林古猿
2000 万年前

腊玛古猿
1500 ~ 800 万年前

2800 万年前 ————→ 猿猴

2100 万年前 ————→ 长臂猿

1500 万年前 ————→ 猩猩

700 万年前 ————→ 大猩猩

400 万年前 ————→ 黑猩猩

南方古猿　350 ~ 100 万年前

阿法南方古猿　300 ~ 230 万年前
非洲南方古猿　300 ~ 100 万年前
罗百氏傍人　250 ~ 100 万年前
直立猿人　250 ~ 150 万年前
……

能够用两条腿直立行走，会凿石头制作工具。后来的研究表明，这一时期的猿人已经开始使用火。

直立人　175 ~ 20 万年前

爪哇人　100 万年前
北京人　50 万年前
海德堡人　36 万年前
……

会使用石头和骨头做的器具，会利用火，住在山洞里。

＊虽然这两种动物都能用腿行走，但还未发展成为像人一样的智慧生物就灭绝了。

大地懒
高 2.6 米
更新世大型地懒中的一种
和现代树懒是近亲

由于经常用手握取工具，用眼睛判断情况，它们的大脑逐渐发达起来。而由于开始利用火来烹调食物，它们的牙齿、口腔和消化器官的结构也发生了变化，"生命设计书"的内容在逐步增加着。

为了更有效地捕获猎物，它们需要与同伴传递信息、互相配合，因此慢慢开始学会使用记号和语言。它们开动脑筋寻找居住的地方，并努力掌握本领，栽培可以食用的植物……在这些行为当中，它们逐渐建立并强化了与家人间的联系，拥有了表达快乐、悲伤等情绪的能力，一步步向真正意义上的"人类"靠拢。

古老型智人　20~4 万年前

尼安德特人　20 ～ 15 万年前
这时，出现了狩猎、建造住房、埋葬死者、装饰环境等行为。

早期现代人　4 万年前~

克罗马农人　3 ～ 2 万年前
……
与家人的关系更为紧密，文化也变得更加丰富多彩。

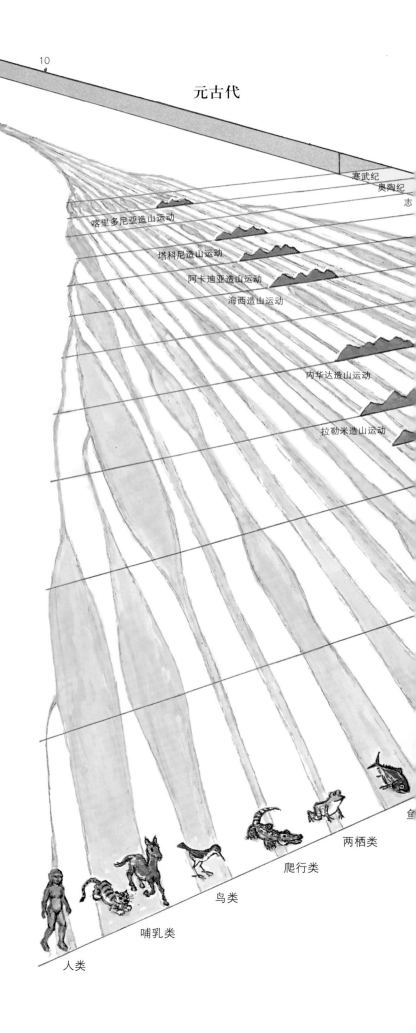

9 地球生物的历史

从以上发生的种种事情当中，我们可以了解到：

（1）在宇宙中物质和能量的共同作用下，46亿年前的炎热海洋里诞生了最初的生命。在生物们不断继承和扩展"生命设计书"内容的过程中，人类出现了。

（2）从宇宙诞生到最初的生物出现，大约经历了110亿年；而从生命的诞生到人类的出现，大约经历了40亿年。

―― 现存生物 ――

据说，目前生活在地球上的生物种类超过了170万种（还有一种说法是3000万～8000万种）。

（3）包括人类在内的所有地球生物，都是有着同一个祖先的"亲戚"，只是各自的"生命设计书"不同，所以走上了不同的演变之路。现在生存在地球上的各种生物，都曾共同经历、跨越了地球上的许多灾难，才走到了今天。

古生代

泥盆纪

石炭纪

二叠纪

中生代

三叠纪

侏罗纪

1亿年前

白垩纪

新生代

第三纪

第四纪

阿尔卑斯造山运动

安第斯、喀斯喀特造山运动

造山运动

被子植物

裸子植物

松类

蕨类

木贼类

苔藓类

藻类

菌类

细菌

海绵类

刺胞动物

原生动物

棘皮动物

环节动物

软体动物

甲壳动物

蜘蛛类

昆虫

人类这种生物，就是这样出现在地球上的。那么，人类的身体构造到底是什么样的呢？下面就让我们好好看一看吧！

—— 各不相同的"生命设计书" ——

DNA等遗传基因会将不同生物的祖先的形态和特点持续不断地进行复制，而同时，其中有些部分会随着时间的推移一点点地发生改变。由于它体现的是长期积累起来的一个漫长历程，所以又被称为"生命计划表"或"带时间表的设计图"。

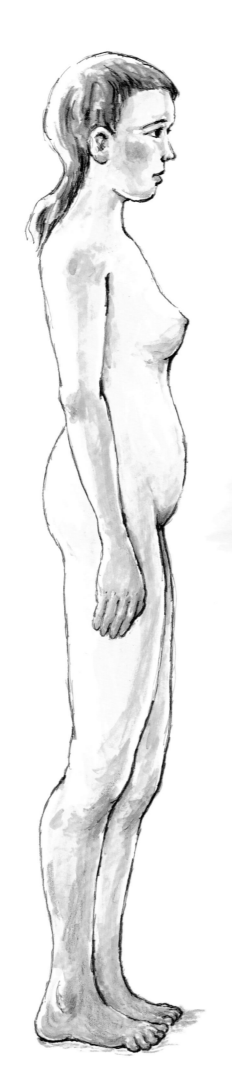

10 生育并抚育后代的人类

　　人类是哺乳动物中的一种。所谓哺乳动物，就是生下孩子之后还会对其哺乳和抚育的动物。人类也会这样抚育后代。人类中的成年女性——妈妈处在生育期的时候，大约一个月会产生一个卵子。而这时，如果成年男性——爸爸送入了精子——

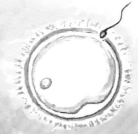

卵子和精子相遇、受精

---- 卵子 ----

也称作卵细胞，直径为 0.1 ~ 0.2 毫米，重量约为 10^{-6} 克。女性婴儿一生下来，卵巢里就有数百万个卵子。在发育过程中，有的卵子会逐渐退化并消失，长成大人之后，仅剩大约数十万个。

染色体分离

细胞逐渐分裂

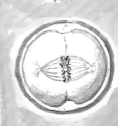

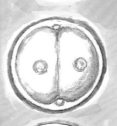

---- 人类的细胞 ----

构成人体的细胞多种多样。有的细胞寿命很长，能伴随人的一生；有的细胞很快就会死亡，被新的细胞所取代。这些细胞的种类和形态多种多样，绝大部分最多只能分裂 50 次，即能存活 50 代。

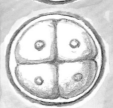

在子宫内着床的受精卵

24

卵子和精子相遇，就会结合成一个细胞，叫作"受精卵"。

人类的身体，是由许许多多的细胞组成的。这些细胞形形色色，多种多样。

有的细胞能伴随人度过一生，有的则在不断地进行新旧交替。所有细胞都不能永远存活下去，都有自己的寿命，到时间后就会死亡。

精子

长度约为 0.05 毫米，重量约为 10^{-9} 克。一个男性一生中大约能产生 1 万亿个精子，每次有大约 3 亿个精子被射出。

当精子进入卵子里，结合为一个细胞时，就会变成一个拥有新力量的生命。

受精卵在妈妈的肚子里逐渐分裂，细胞数目也随之增加。增加过程按照卵子和精子里所记载的"生命设计书"，井然有序、准确无误地进行。

11 肚子里的小宝宝——胎儿

　　卵子和精子里的"生命设计书"分别来自爸爸和妈妈。诞生于上古时代"汤"一样的海洋里的最初的"生命设计书"，内容极其简单。而如果人类的"生命设计书"变成文字呈现出来，就会像300册厚厚的百科辞典那样，满满地记载了许许多多事情。

从卵子开始的发育过程

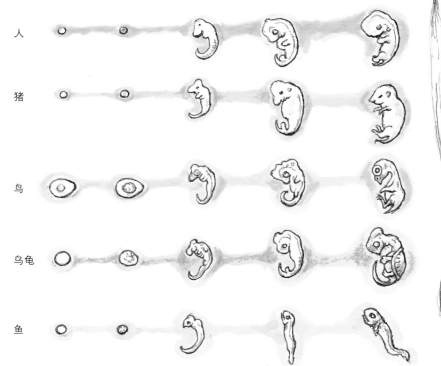

人

猪

鸟

乌龟

鱼

1个月
0.7厘米

按照"生命设计书"上的顺序和方法，细胞数目逐渐增加着，胎儿的形状也发生着改变。受精一个月后，头部成形了，心脏开始跳动，手脚也初具雏形。两个月左右时，宝宝还有尾巴，这和长达 38 亿年，从鱼类、两栖类、爬行类、到哺乳类的生物演化史一样，表现的都是"生命设计书"开篇时的情形。

　　不久，宝宝的尾巴消失了，他漂浮在妈妈肚子里的水里，迅速长大，内脏和骨骼也已具备了雏形。

　　这样，到了 280 天左右时，细胞数目增加到大约 3 万亿，一个漂亮的宝宝已经成形，到了该从妈妈肚子里出来的时候了。

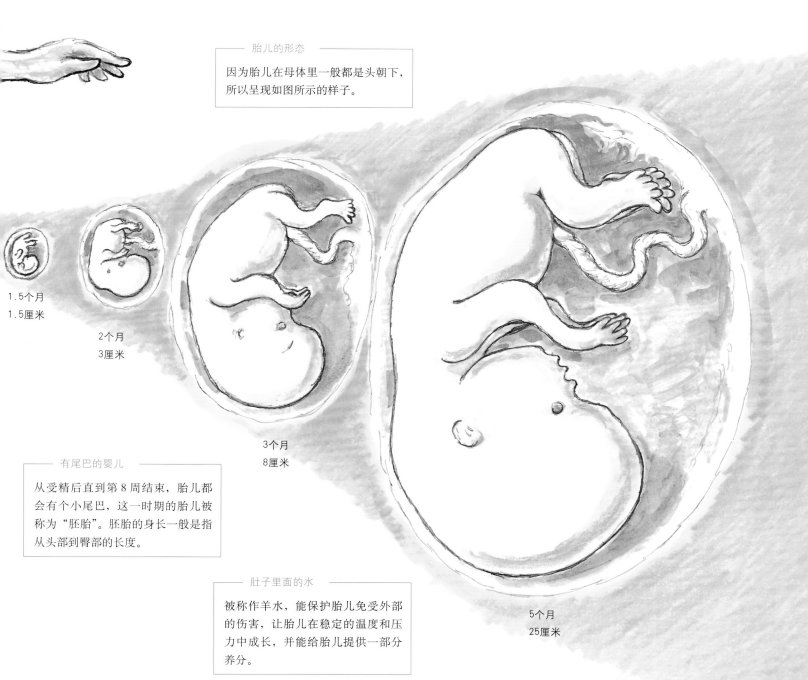

── 胎儿的形态
因为胎儿在母体里一般都是头朝下，所以呈现如图所示的样子。

1.5个月
1.5厘米

2个月
3厘米

3个月
8厘米

5个月
25厘米

── 有尾巴的婴儿
从受精后直到第 8 周结束，胎儿都会有个小尾巴，这一时期的胎儿被称为"胚胎"。胚胎的身长一般是指从头部到臀部的长度。

── 肚子里面的水
被称作羊水，能保护胎儿免受外部的伤害，让胎儿在稳定的温度和压力中成长，并能给胎儿提供一部分养分。

12 逐渐长大的孩子——从婴儿到成人

乳儿时代

婴儿
约50厘米

婴儿不会撕破妈妈的肚皮出来，也不会割开妈妈的肚皮出来。婴儿出生时的"出口"就在妈妈小便的那个地方的旁边，那里只会在婴儿出生时张得很大，之后就会缩回原状，所以从外面很难看到。

刚出生的婴儿既不能走又不能自己保暖，也没有消化食物的能力。因此，周围的大人们会把他们包得暖暖的，给他们喂奶，哄他们睡觉。渐渐长大后，他们会慢慢具备独立生存的能力，在哭声和笑声中，学会爬，学会走，学会跑……

同时，还会模仿周围的人，学会说话，记住语言，学会使用各种各样的东西，并一点点开始认识文字，着迷于自己的爱好……到了 10 岁左右，就能积攒下许多知识和智慧。

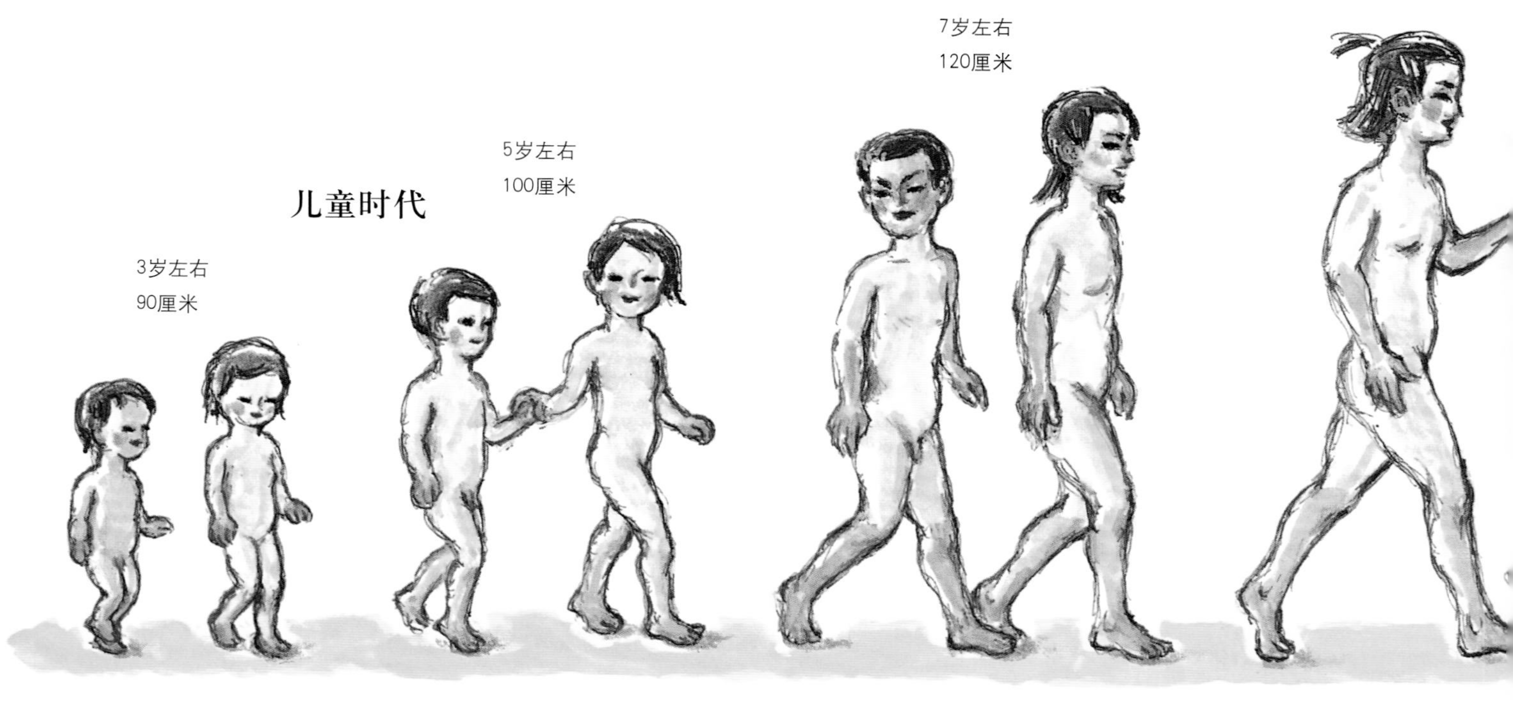

10岁左右
130厘米

7岁左右
120厘米

5岁左右
100厘米

儿童时代

3岁左右
90厘米

幼儿时代

1岁左右
75厘米

2岁左右
85厘米

同时，通过体育锻炼等各种运动，他们的身体逐渐变高、变大。到了 15 岁，身体构造基本成形。这时，他们就会产生不再依赖父母和其他长辈的想法，希望尝试运用自己的力量，热切地期待按照自己的意愿去迎接一切挑战。

到了 20 岁，构成成人身体的 60 万亿个细胞都已齐备，身体也已经具备了生育下一代的能力。虽然这时的人生经验和对事物的想法还不及长辈们丰富，但已经成长为非常出色的人类了。

> —— 60万亿个细胞 ——
>
> 刚出生时，人类的细胞数约为 3 万亿，之后逐渐增加，成年后达到 50 ~ 60 万亿。

青年时代

15岁左右
160厘米

20岁左右
170厘米

少年时代

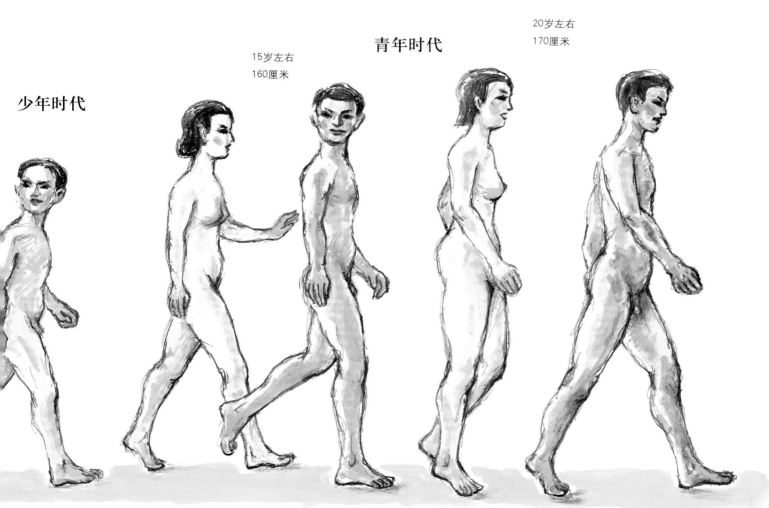

13 骨骼和肌肉的作用

头盖骨

肋骨

脊椎

骨盆

关节处的韧带
将骨头连接在
一起。

为了让如此完备的身体不至于散开，需要有作为支撑的"柱子"，也就是身体中的骨骼。

头部、胸部和腰部的骨骼有些像筐子，里面装有大脑或内脏。这三部分骨骼被一条竖着排列的"脊椎"连接起来，并与手和腿的骨骼巧妙地组合在一起，这样的构造保证了人类能做出许多复杂的动作。

人类小时候，骨头的数目很少，也没有那么坚硬。渐渐长大成人之后，就有了大约200根坚硬的骨头。但是，身体里的骨骼并不是实心的"骨头棒"和"骨头块"，它们中间有许多空隙，可以让神经和血管通过，还存放着能够造血的骨髓。骨头会逐步进行代谢和更新。

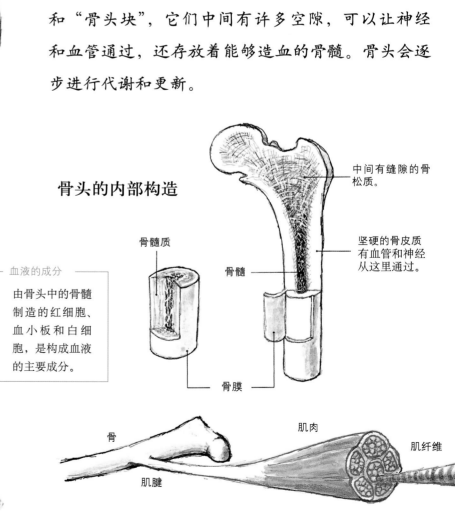

骨头的内部构造

中间有缝隙的骨松质。

坚硬的骨皮质有血管和神经从这里通过。

骨髓质

骨髓

骨膜

___血液的成分___

由骨头中的骨髓制造的红细胞、血小板和白细胞，是构成血液的主要成分。

骨

肌肉

肌纤维

肌腱

骨骼被约 400 块肌肉覆盖着，强韧的肌腱将骨头和肌肉连接在一起。肌肉是由细细的"肌纤维"紧紧地排列在一起形成的，会在神经的作用下伸缩。

　　在骨骼、肌肉和神经等的共同协作下，人类可以做出复杂的动作，呈现各种各样的表情。肌肉如果能得到恰到好处的锻炼，就会变得柔软而结实；但要是被过度使用，就会出现酸痛、痉挛等情况。

肌肉和肌腱的外观

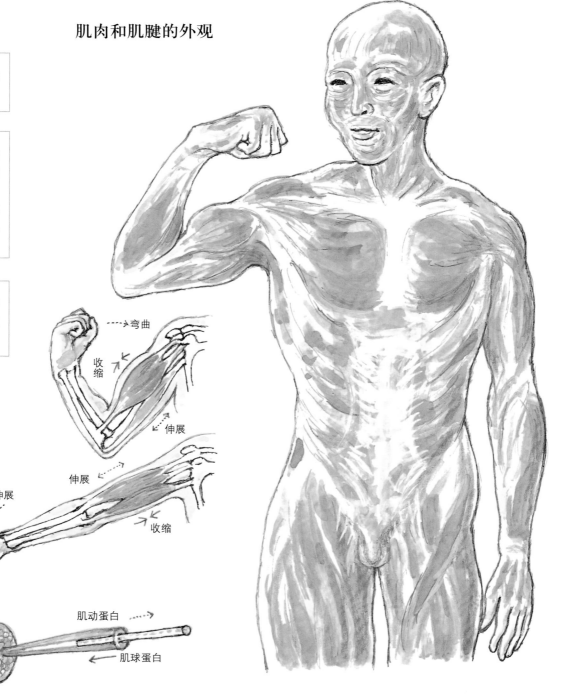

— 肌腱 —
连接肌肉和骨骼的、结实强壮的白色肌肉群。

— 肌肉的纤维 —
虽然身体各部位的肌肉形态各异，但总体来说，肌肉细胞都是细长形的，呈纤维状，一束束地聚集在一起，构成了肌肉。由于以上特点，肌肉细胞又被称为"肌纤维"。

— 肌原纤维 —
由肌动蛋白和肌球蛋白两种蛋白分子组成，在二者的交替作用下进行伸缩。

弯曲
收缩
伸展

伸展
伸展
收缩

肌动蛋白
肌球蛋白
肌原纤维

14 食物和消化道

　　无论是运动还是学习，工作还是休息，人类只要活着就得消耗许多能量和营养。人类吃下食物后，食物就会进入消化器官，在那里被逐渐分解，然后，获得的营养被运送到身体的各个部分，成为能量的来源。

　　首先，要将放到口中的食物用牙齿细细地咀嚼，同唾液混合。如果没有好好咀嚼，或者干脆整个吞下去，食物就不能被很好地消化、吸收。

　　鼻腔下面是喉咙，喉咙连接着两个口，分别是食道开口和气管开口。因此，如果吃饭过快，食物有时会被吸进鼻子里，人就会被呛着。

唾液
含有一种能将淀粉分解为麦芽糖的淀粉酶。

胃液
含有盐酸、胃蛋白酶等成分。盐酸能够溶解食物，胃蛋白酶则能将蛋白质分解成肽。

小肠液
含有多种酶，其中，麦芽糖酶可以将麦芽糖分解为葡萄糖，肽酶可以将肽分解为氨基酸，转化酶可以将蔗糖分解为葡萄糖等糖类，乳糖酶可以将乳糖分解为葡萄糖和半乳糖。

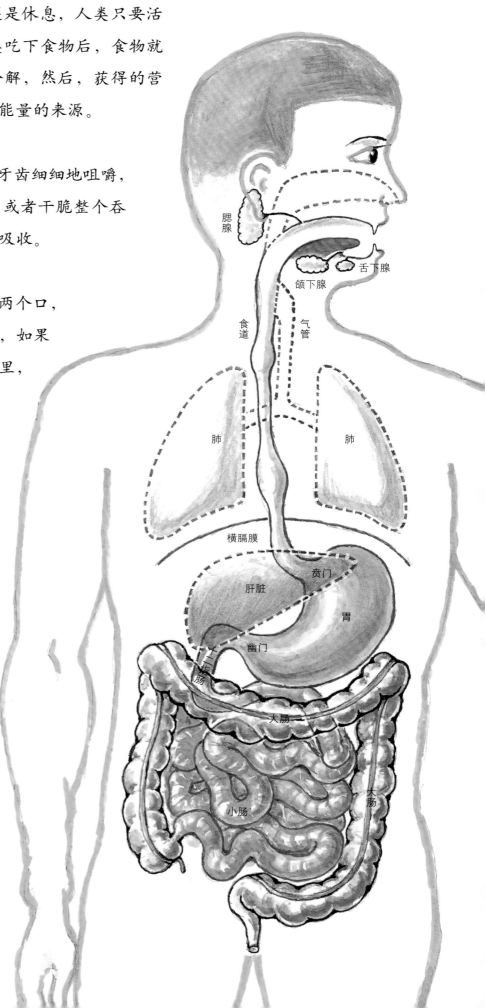

腮腺
舌下腺
颌下腺
食道
气管
肺
肺
横膈膜
贲门
肝脏
胃
幽门
十二指肠
大肠
小肠
大肠

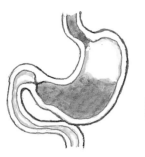
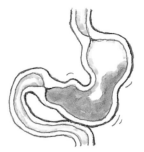
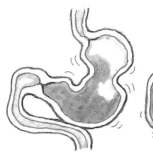
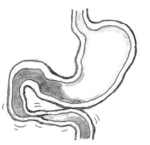

1.食物进入胃部　　　　2.胃开始蠕动　　　　3.开始搅拌　　　　4.食物一点一点地从胃里出来

食物在胃里消化的过程

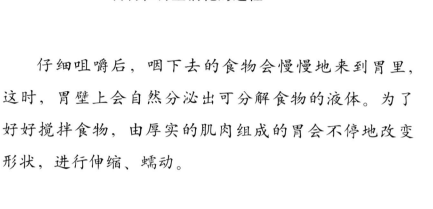

仔细咀嚼后，咽下去的食物会慢慢地来到胃里，这时，胃壁上会自然分泌出可分解食物的液体。为了好好搅拌食物，由厚实的肌肉组成的胃会不停地改变形状，进行伸缩、蠕动。

当已经被唾液和消化液分解的食物来到小肠时，细细的小肠管壁上的绒毛会吸收营养，部分营养进入血液和淋巴液，其余的再往下运送。

剩下的营养和水分会进入大肠，在大肠里通过时被肠壁吸收。食物残渣和身体里的其他废弃物则聚集在一起，形成粪便，被排出体外。这就是人类消化食物的过程。

消化器官内壁的横截面图

胃　　　　　　　　小肠　　　　　　　　大肠

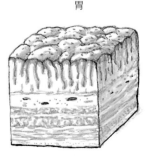
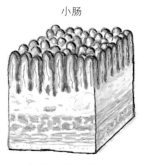
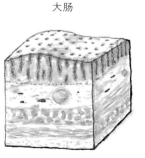

睡着时或没有食物通过时不活动。吸收酒精。　　吸收氨基酸、葡萄糖等营养物质。　　吸收维生素、矿物质、水分等营养物质。

长度　　　食物在各个消化器官中停留的时间

消化道的长度与身高的比例

食道 25 厘米　　1～60秒

胃 20 厘米　　1分钟～6小时

小肠 6～7 米　　4～9小时

大肠 1.5～2 米　　20～50小时

6倍

15 各个内脏的使命

　　人体里，除了消化器官，还有几个有其他功能的内脏，它们肩负着各自的使命。肝脏由许许多多的细胞组成，有很多细密的血管从这里通过。它能将大肠和小肠吸收的营养储存起来；当酒精等对血液有害的东西进来时，它能将其转化为无害的东西；它还能分泌胆汁和消化液，是身体里的"化学工厂"。

　　储存胆汁的地方叫胆囊。胆囊会将胆汁一点点地送进小肠的入口。胆汁与食物混合后，会让脂肪颗粒变细、变小，使其更容易被身体里的消化器官消化、吸收。

　　胰脏也起着这样的作用。由胰脏分泌的胰液与食物相混合，使食物中的营养变得容易吸收。

胆汁的作用
能把脂肪分解成小分子，使其更易于被消化、吸收。

胰液的作用
胰液中的脂肪酶能将脂肪水解成脂肪酸和甘油，胰蛋白酶可以把蛋白质分解成氨基酸，淀粉酶可以把淀粉分解成麦芽糖，肽酶可以把肽分解成氨基酸。胰岛素是由胰腺中的胰岛分泌的一种激素，能调节血液里的糖分。

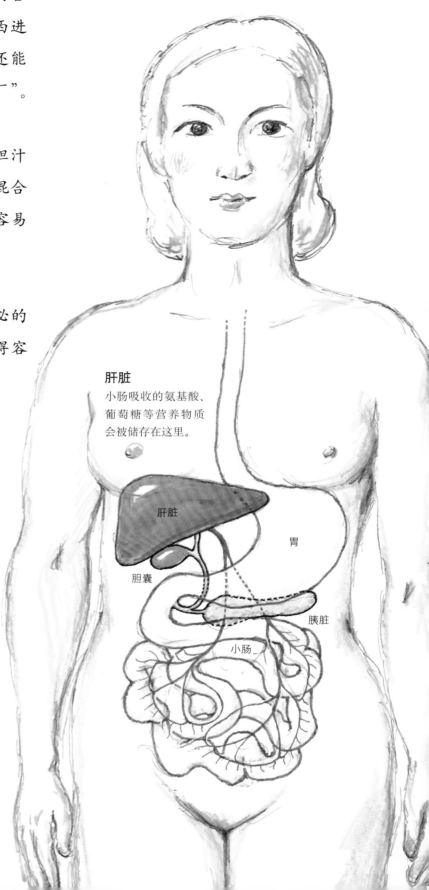

肝脏
小肠吸收的氨基酸、葡萄糖等营养物质会被储存在这里。

肝脏

胆囊

胃

胰脏

小肠

肾脏可以对血液中的废弃物进行过滤，然后变成尿排出体外。

人体的一半都是水分。这些水有的存在于细胞里，有的被用于造血。人体中这些液体所含的盐分，与远古时代刚出现生命时海水中的盐分比例相同。

身体里的水分和含盐量既不会过多、也会不过少，起调节作用的就是肾脏。

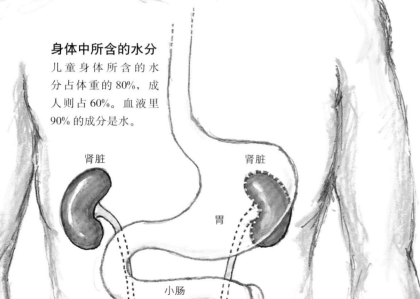

身体中所含的水分
儿童身体所含的水分占体重的80%，成人则占60%。血液里90%的成分是水。

肾脏

肾脏

胃

小肠

膀胱

与远古时代海水的盐分相同

血液、羊水等体液中钠、钙、钾等成分的含量，和远古时代的海水相似，因此被称为"内在的海洋"，其他生物的体液成分也很相似。手术时使用的林格氏液（复方氯化钠注射液），也是由这些成分构成的。

16 心脏和肺

溶解由消化器官吸收的营养，再将其运往身体各处细胞的"水"，就是血液。推动血液流动的"水泵"就是心脏，也有人形象地将心脏称为"心脏泵"。

心脏在胸腔内部略微偏左的地方，里面的"水泵"分为左右两组，都由结实的肌肉组成。它们一起昼夜不停地运转，直到死亡。

右边的泵会把含有营养的血液运送到肺部，这些营养是由小肠和肝脏吸收来的，而左边的泵会把从肺部流入的血液送往全身。血液会通过密集分布于全身的血管，被慢慢地送到身体的各个角落，再流淌回来。

（1）心脏和血管的分布
将成人的全部血管连接在一起，长度大约有 10 万千米。

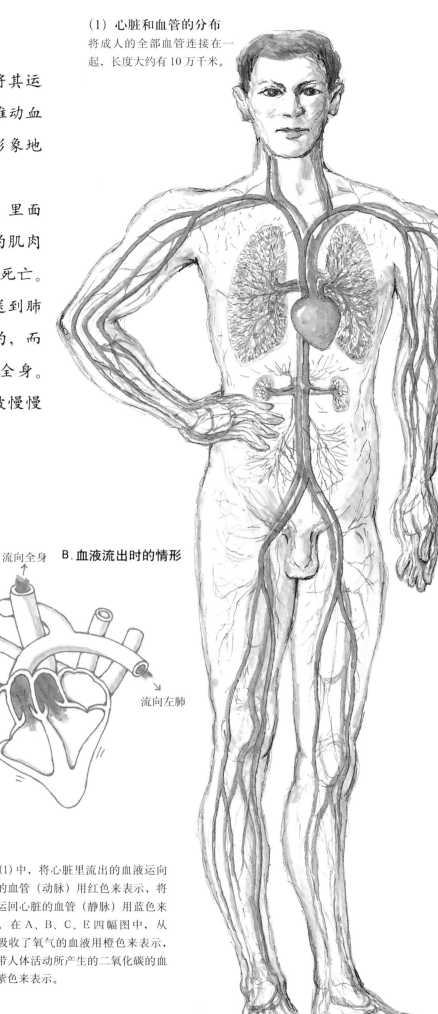

心脏的活动

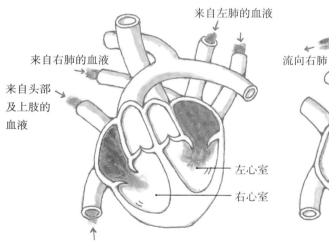

A.血液流入时的情形

来自左肺的血液

来自右肺的血液

来自头部及上肢的血液

左心室

右心室

来自下肢及小肠等处的血液

流向全身　B.血液流出时的情形

流向右肺

流向左肺

C.肺部和心脏中的血液流向

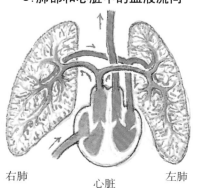

右肺　　心脏　　左肺

在图（1）中，将心脏里流出的血液运向全身的血管（动脉）用红色来表示，将血液运回心脏的血管（静脉）用蓝色来表示。在 A、B、C、E 四幅图中，从肺部吸收了氧气的血液用橙色来表示，而携带人体活动所产生的二氧化碳的血液用紫色来表示。

（2）淋巴管和淋巴结的分布
淋巴液在淋巴管内循环，最后流入血液，返回心脏。

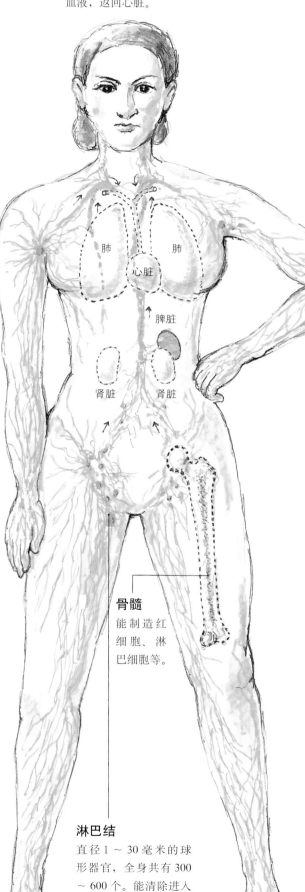

骨髓
能制造红细胞、淋巴细胞等。

淋巴结
直径1～30毫米的球形器官，全身共有300～600个。能清除进入身体的有害物质。

分布在人体胸腔左右的肺是呼吸器官。它能把从鼻子和嘴巴吸入的空气积蓄起来，用微小的肺泡薄膜进行过滤，然后将不需要的浊气排出，再将新鲜的氧气输入血液里。

满载着氧气的血液流回心脏，被血管送往全身，成为人类生命活动的源泉。

除了血管，全身还分布着淋巴管。

淋巴管里流动着淋巴液。淋巴液是一种透明的体液，这种体液里含有一种叫做"淋巴细胞"的白细胞，它会阻止细菌从外面侵入。淋巴还有一种重要的功能，叫做"免疫"，就是让人体在患过某种病后，获得对抗此种疾病的能力。

红细胞和淋巴细胞等，都是由骨髓制造出来的。血液里的废弃物，会在流经腹部左侧的脾脏时被过滤掉。

D.呼吸时肺部的情形

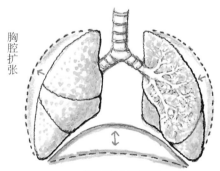

胸腔扩张

横膈膜上下活动

E.肺泡的作用

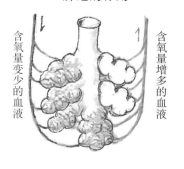

含氧量变少的血液

含氧量增多的血液

── 肺和肺泡

肺部有许多细小分枝，每条分枝的末端膨大成囊，囊的四周有很多突出的小囊泡，这就是肺泡。把肺泡的表面积全部加在一起约有70平方米，是身体表面积的40倍。

17 大脑和神经的构造

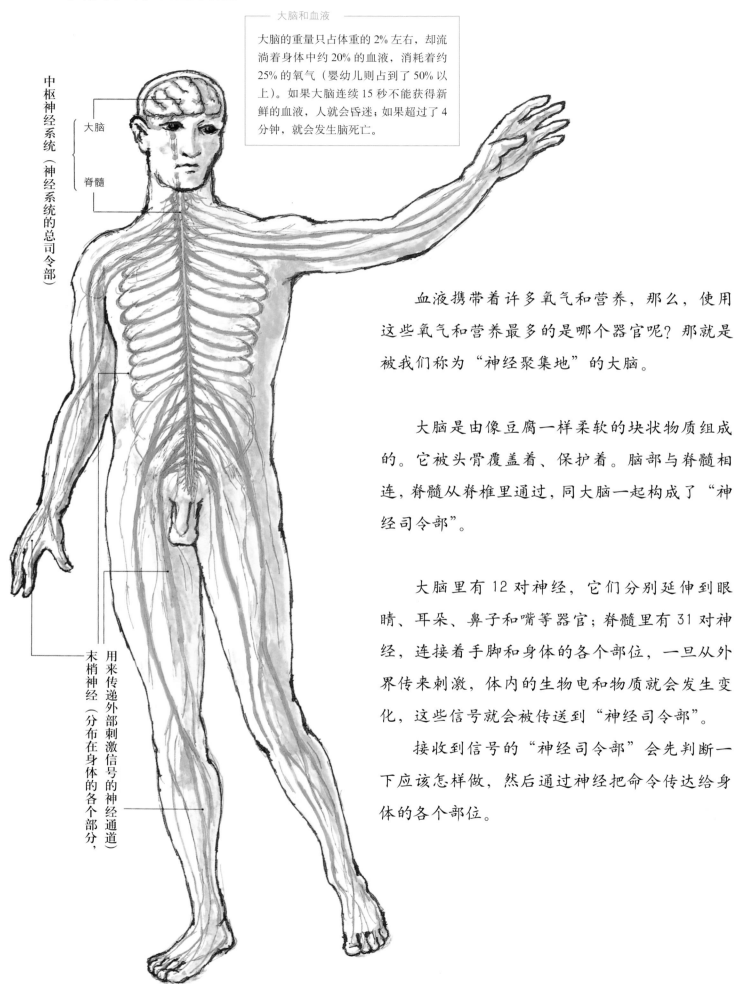

中枢神经系统（神经系统的总司令部）

大脑

脊髓

末梢神经（分布在身体的各个部分，用来传递外部刺激信号的神经通道）

大脑和血液

大脑的重量只占体重的 2% 左右，却流淌着身体中约 20% 的血液，消耗着约 25% 的氧气（婴幼儿则占到了 50% 以上）。如果大脑连续 15 秒不能获得新鲜的血液，人就会昏迷；如果超过了 4 分钟，就会发生脑死亡。

血液携带着许多氧气和营养，那么，使用这些氧气和营养最多的是哪个器官呢？那就是被我们称为"神经聚集地"的大脑。

大脑是由像豆腐一样柔软的块状物质组成的。它被头骨覆盖着、保护着。脑部与脊髓相连，脊髓从脊椎里通过，同大脑一起构成了"神经司令部"。

大脑里有 12 对神经，它们分别延伸到眼睛、耳朵、鼻子和嘴等器官；脊髓里有 31 对神经，连接着手脚和身体的各个部位，一旦从外界传来刺激，体内的生物电和物质就会发生变化，这些信号就会被传送到"神经司令部"。

接收到信号的"神经司令部"会先判断一下应该怎样做，然后通过神经把命令传达给身体的各个部位。

各种动物的大脑

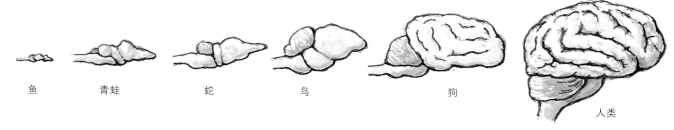

鱼　　青蛙　　蛇　　鸟　　狗

人类

与其他生物相比，人类的大脑要发达得多。人类大脑的表面和内部共有140亿个神经细胞以及约400亿个星形胶质细胞。神经细胞各具功能，交叉延伸，相互连接，形成纷繁复杂的神经网。这个神经网会不断成长，或在各种刺激下增多。

如果用星星来比喻这些神经连接和交汇的情形，就可以说，它们构成了一张密密麻麻的星座图。神经网能存下从小到大所记忆的一切事情，以及学到的所有知识和信息。

运用氧气和营养形成被称为"递质"的信号，再用这个信号来扫描一下这个神经网，就会回忆起快乐的往事，迸发出伟大的灵感，或者萌生各种其他的心理活动。

大脑的构造

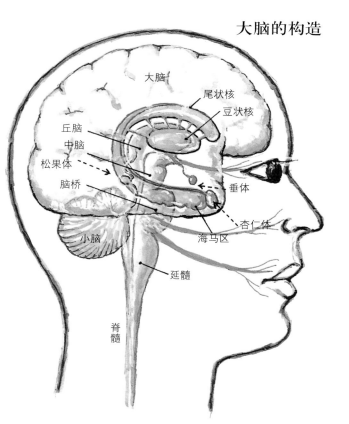

在大脑的中心，依次分布着丘脑、中脑和脑桥，它们的左右分布着一对豆状核，一对尾状核和一对海马区。大脑和小脑便覆盖在这些部位之上。

脑神经的结构

神经细胞（神经元）的构造及其连接方式

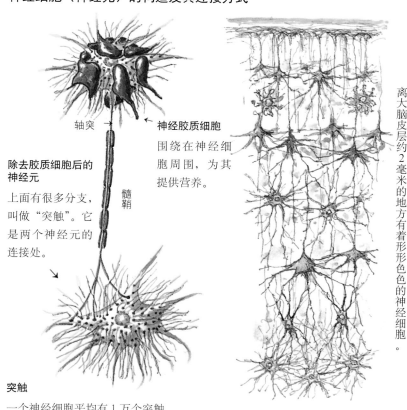

除去胶质细胞后的神经元

上面有很多分支，叫做"突触"。它是两个神经元的连接处。

神经胶质细胞

围绕在神经细胞周围，为其提供营养。

离大脑皮层约2毫米的地方有着形形色色的神经细胞。

突触

一个神经细胞平均有1万个突触。

18 人类的手和工作的力量

拥有上述身体构造的人类，为了生活得更加快乐，逐渐开始发挥身体构造和机能的优势。特别值得一提的是，他们凭着灵巧的双手，利用火、石头、泥土和水等，创造了各种各样的工具。

--- 工具 ---
用木头、石头、金属等制成的、能帮助人们完成工作的物品。由于有灵活的手和手指，人类能顺利地制作出工具。

人们拼命地活动身体、挥洒汗水，将金属进行巧妙的加工，并且制造出各种各样的玻璃制品和石油制品。一个人不能完成的事，大家就齐心协力、互相帮助。于是，建造了大桥等各种建筑，修出了道路，发明了奇妙的机械等装置。

--- 机械 ---
在制造物品等工作过程中，能帮人们省力或降低工作难度的装置。

人类还运用从古至今积累的经验和智慧，将不同性质的材料和物质巧妙组合，合理地运用光、热和电，终于拥有了任何生物都不曾具备的强大力量，并掌握了能正确快速地完成工作的技能和技术。

--- 技能和技术 ---
为了生产出更优秀的产品而总结出的灵活运用手与手指的方法，或是其他种种手段。

用木头做的工具
用藤蔓和稻草做的器皿
用石头做的工具
用骨头和贝壳做的工具

用黏土做的　　　器皿
用兽皮做的工具
狩猎用的工具
农耕用的工具

弓、矛、刀等武器
用草叶和藤蔓编的器皿
点火用的工具
装饰在身上，让自己变漂亮的饰品

坚硬的特制石器
日常生活中使用的器皿
祭奠死者、祭拜神灵时用的器具

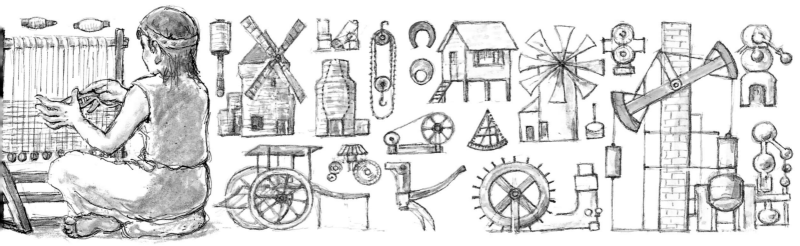

用青铜制作的器具
用铁制作的器具
纺织丝或毛的工具
织布用的机械

罐子、盘子等容器
用来装饰、美化的器具
风车等利用风力的机械
水车等利用水能的机械

依靠牛、马来拉动的装置
有车轮的运输机械
印章、黏土板、石版和印刷术
投石器等武器

放大镜　钟表　指南针　磁铁
火药　砖头　水泥

石油精炼制品　柴油发动机
照相机　染色工具　塑料
黄色炸药　铝制品
缝纫机　家用电器

大型轮船　桥梁
蒸汽机　电报　电话　无线电
收音机　电灯　荧光灯

摄像机　电影　电视机　雷达
发电机　电动机　唱片
录音机　CD
电脑　集成电路

汽车　建筑工程车
跨海大桥　高层建筑
海底挖掘机　人造卫星
通信卫星　观测卫星

19　人类智慧和知识的积累

人类在用木头和石头制造东西的时候，并不是胡乱敲打一气，而是动用大脑，仔细琢磨这些东西的性质和特点，经过充分的判断之后再进行切割、加工。除此之外，他们还仔细观察风和水流等自然现象，认真动脑进行了种种思考。他们把相同的东西收集到一起，对不同的东西展开进一步调查，运用大脑去探明未知的奥秘。

特别是那些被称为"科学家"或"研究者"的优秀人物，面对错综复杂的问题，他们通过坚持不懈的努力研究，使那些隐藏在现象背后的宇宙法则和自然规律豁然明朗。

— 科学家 —

研究自然和社会现象，探索其结构和法则，并努力总结出一些有效方法的人们。

希罗（工程）
希帕求斯（天文）
阿里斯塔克斯（天文）
赫罗菲拉斯（医学）
托勒密（天文）
布鲁诺（天文）
第谷·布拉赫（天文）
格列高里十三世教皇（天文）
福禄贝尔（教育）
杜威（教育）
阿诺尔德·约瑟夫·汤因比（历史）
居维叶（生物）
波义耳（物理）
托里拆利（物理）
卡文迪许（物理）
赫歇尔（天文）

惠更斯（物理）
卢梭（教育）
林奈（生物）
柯西（数学）
摄尔修斯（物理）
裴斯泰洛齐（教育）
莫尔斯（工程）
麦克斯韦（物理）
马赫（物理）

德谟克里特
伽利略
普里斯特利
哥白尼
牛顿
道尔顿
开普勒
科赫
高斯
黎曼
伏打
富兰克林
法拉第
奥斯特瓦尔德
魏格纳
凯恩斯
瓦特
爱迪生
玻耳兹曼
皮亚杰
海森伯
普朗克
玻尔
洛伦茨
奥巴林
弗莱明
薛定谔

他们还对许多已知的事情进行进一步的仔细调查，对其中的不明之处和错误之处运用各种装置进行测定，或运用实验进行彻底查证，最后将简明易懂的事实和清晰合理的想法展现在人们眼前。

于是，在这些优秀人类的大脑和神经的作用下，人类弄清了宇宙的法则和原理，逐渐积累起来的知识和智慧变成了学问和科学，并且跨越了时代、国境和民族，让更多的人去学习，并不断进行补充与拓展。之后，人们带着谢意和尊敬，将它们加以灵活运用。

—— 科学知识 ——

对事物进行深入的思考与研究后，条理明晰地加以说明，以便后人学习并掌握的知识和方法。

阿基米德

柏拉图

亚里士多德

苏波克拉底

毕达哥拉斯

欧几里得

拉瓦锡

笛卡儿

古登堡

帕斯卡

阿伏伽德罗

巴斯德

达尔文

伦琴

孟德尔

威廉·汤姆孙

赫兹

玛丽·居里

冯·诺伊曼

沃森

威尔金斯

爱因斯坦

费米

朗缪尔

鲍林

霍金

黎曼（数学）
贝塞麦（工程）
贝尔（工程）
门捷列夫（化学）
安德森（物理）
哈恩（物理）
布拉格（物理）
瓦特（工程）
阿克莱特（工程）
李比希（化学）
史蒂芬森（物理）
阿诺尔德·汤因比（社会）
狄赛尔（工程）
伽莫夫（物理）
弗洛伊德（心理学）

黎曼（数学）
安培（物理）
欧姆（物理）
维勒（化学）
伽罗瓦（数学）
凯库勒（化学）
焦耳（物理）
迈尔（物理）
多普勒（物理）
迈克尔逊（物理）
奥斯特（物理）

43

20 追求美好的心灵

人类一看到美丽的风景，心情就会变得格外愉快；一听到小鸟叽叽喳喳的叫声，心里就会充满温柔和欢喜。面对这些内心感受到的舒适和愉悦，为了用形状和色彩来表现，用文字和声音来抒写，用动作和姿态来传达，作家和艺术家们煞费苦心。

于是，他们创作出了绘画与雕塑、音乐与歌曲、小说与诗歌、舞蹈与戏剧，还有电影等艺术作品。这些优秀作品产生的丰富的感官刺激，会传达到人们的眼睛和耳朵里，并经过神经抵达大脑，这时，人们就会产生愉快、感伤、兴奋等心情，继而产生强烈的感动和共鸣。

—— 作家和艺术家 ——

为了追求美、表现美而开展创作活动，并创作出杰出作品的人，被称为艺术家。其中，进行小说等文学作品创作的人被称为作家。

多纳泰罗（雕塑）
布吕赫尔（绘画）
拉斐尔（绘画）
丢勒（绘画）
委拉斯开兹（绘画）
鲁本斯（绘画）
伦勃朗（绘画）
德拉克罗瓦（绘画）
塞尚（绘画）
马约尔（雕塑）
梵高（绘画）
马奈（绘画）
魏斯（绘画）

维瓦尔第（音乐）
亨德尔（音乐）
柏辽兹（音乐）
韦伯（音乐）
舒曼（音乐）
门德尔松（音乐）
勃拉姆斯（音乐）

派奇摩尔洞穴猛犸象的画像

法国拉斯科洞窟的岩画

远古时代的女神像

维伦多尔夫的维纳斯

远古时代的女人像

米开朗琪罗的雕塑作品

米勒的画

葛饰北斋的版画

柴可夫斯基

肖邦

莫扎特

巴赫

罗丹的雕塑作品

西贝柳斯

普契尼

瓦格纳

大脑接收到的感动信号通过神经传达到身体的各个部位后，人们就会在脸上浮现微笑、发出欢呼声，或者鼓掌、流出眼泪，心脏也会剧烈地跳动。

优秀的作家或艺术家，能把热切的愿望和想法融入到作品中，传达给人们，使他们的内心变得更加丰富。

于是，人类就会更热烈地去追求美好，更加热爱优秀的艺术和文化，也会更重视那些优秀的作品。

--- 文化

通常，人类将从社会中得到的全部东西统称为文化。但有时也会区别开来表示，将科学技术方面的成果称为文明，而将人类精神世界的产物称为文化。

西班牙阿尔塔米拉洞窟的壁画

古埃及王后纳芙蒂蒂的塑像

波提切利的画

米罗的维纳斯像

沙士比亚

马克·吐温

尤金·奥尼尔

毕加索的画

席勒（诗歌）
拉伯雷（戏剧）
拉辛（戏剧）
魏尔伦（诗歌）
华兹华斯（诗歌）
惠特曼（诗歌）
契诃夫（小说）
亚瑟·米勒（戏剧）
田纳西·威廉斯（戏剧）
比利·怀尔德（电影）
斯坦尼斯拉夫斯基（戏剧）
丹钦科（戏剧）
卓别林（电影）
爱森斯坦（电影）
高乃依（戏剧）
索福克勒斯（戏剧）
埃斯库罗斯（戏剧）
欧里庇得斯（戏剧）

伊索（寓言）
阿里斯托芬（戏剧）
斯坦贝克（小说）
塞万提斯（小说）
拉伯雷（小说）
查尔斯·金斯莱（小说）
罗曼·罗兰（小说）
司汤达（小说）
列夫·托尔斯泰（小说）
雨果（小说）
斯威夫特（小说）
豪普特曼（戏剧）
纪德（小说）

21 人类集团和社会的动荡

　　然而，爱好和做事方法等会因人而异。如果只是在相互了解脾气的家庭和小团体里，即便有些不同，也可以相互沟通、取长补短，共同生活下去。

　　可是到了以人类集团为单位的社会中，由于地域上距离遥远，或社会结构上存在差异，当意见不一或者产生纠纷和冲突时，一点点小事都可能引起激烈的争端与对立，比如排斥他人、争权夺利、破坏协议、违反公共条例、爆发大范围的骚乱，等等。

特洛伊战争
摩诃婆罗多之战
春秋之乱
亚述健驮逻
波斯入侵希腊
希波战争
吴越之战
战国纷争
萨莫奈战争
伊普苏斯战役
布匿战争
黄巾之乱
赤壁之战
罗马帝国分裂
壬申之乱
安史之乱
图尔战役
东西教会大分裂
十字军东征
成吉思汗西征
百年战争
黎恩济革命
南北朝动乱
日本室町时代农民起义
应仁文明之乱
玫瑰战争
差巴托罗缪大屠杀
德国农民战争
英国农民起义
三十年战争

特别是涉及金钱交换和买卖价格等经济利益问题时，因为对生活的影响立刻就会显现，所以在这些问题上的争端会更加激烈。推而广之，如果扩大到国家和民族的利益时，对立就会变得更尖锐，最后还有可能让人们拿起武器，挑起战争。

虽然人类已经拥有了便利的工具和机械，掌握了先进的知识和科学，创造出了美丽的艺术和文化，还逐渐构建起了快乐的生活，但由于他们相互之间的沟通与协调还很不充分，所以现在仍然存在对立和相互伤害，甚至会有流血事件发生。这，就是人类。

清教徒革命
英荷战争
俄国拉辛农民起义
英法七年战争
美国独立战争
大北方战争
法国大革命

爪哇人民起义
滑铁卢战役
鸦片战争
克里米亚战争
美国南北战争
新西兰土地战争
美西战争
巴尔干战役
第一次世界大战
俄国革命
经济大萧条
第二次世界大战

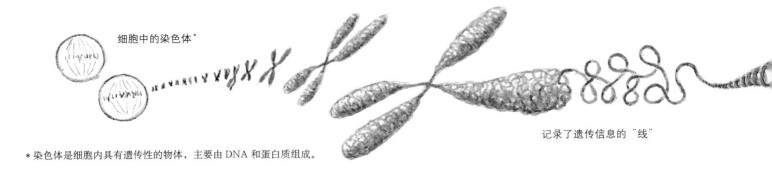

细胞中的染色体*

记录了遗传信息的"线"

*染色体是细胞内具有遗传性的物体，主要由 DNA 和蛋白质组成。

22 害怕死亡及走出悲伤

除了战争，疾病和意外事故也导致了许多人的死亡。即便没有遭遇这些事情，人的身体也会因为上了年纪而逐渐衰老，最后步入死亡。

人类自古以来就对死亡充满了厌恶与恐惧，想尽办法地避开它。当有人死去的时候，他周围的人们便会陷入哀叹和深深的悲伤之中。虽说生命从出生开始就注定会走向死亡，但人们还是为不能活上千年、万年而感到无比遗憾。

DNA链中排成两列的四种碱基

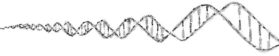

用化学记号写成的"生命设计书"

不过，胎儿在出生以前，是由卵子受精发育而成的，卵子是妈妈体内的一个细胞。再往前推，妈妈出生前也是从姥姥的卵子里继承了"生命设计书"。因此，虽说一个人到了一定年龄就会死亡，但是传给孩子的"生命设计书"却能延续千年万年。现在你活着，是因为继承了这种传递了约40亿年的"生命设计书"；同时，也要归功于人类团结在一起，相互支持。只要我们记住"生命设计书"可以代代相传下去，就没有必要过分害怕死亡，也可以走出亲人死去所带来的悲伤，是不是呢？

传给子孙的"生命设计书"

在染色体中，DNA记录的创造生命体所需的"设计书"必须是一个统一的整体，因此，这些染色体被称为"染色体组"。通过研究染色体组，能综合了解生物的全貌。

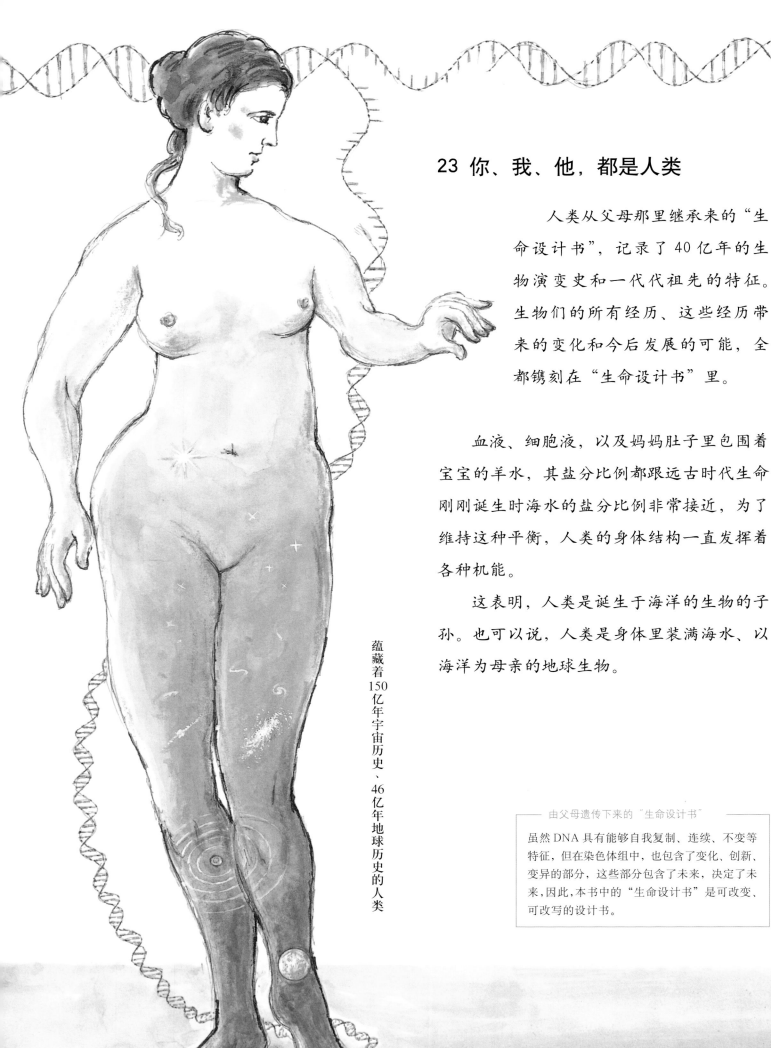

23 你、我、他，都是人类

人类从父母那里继承来的"生命设计书"，记录了40亿年的生物演变史和一代代祖先的特征。生物们的所有经历、这些经历带来的变化和今后发展的可能，全都镌刻在"生命设计书"里。

血液、细胞液，以及妈妈肚子里包围着宝宝的羊水，其盐分比例都跟远古时代生命刚刚诞生时海水的盐分比例非常接近，为了维持这种平衡，人类的身体结构一直发挥着各种机能。

这表明，人类是诞生于海洋的生物的子孙。也可以说，人类是身体里装满海水、以海洋为母亲的地球生物。

蕴藏着150亿年宇宙历史、46亿年地球历史的人类

—— 由父母遗传下来的"生命设计书" ——

虽然 DNA 具有能够自我复制、连续、不变等特征，但在染色体组中，也包含了变化、创新、变异的部分，这些部分包含了未来，决定了未来，因此，本书中的"生命设计书"是可改变、可改写的设计书。

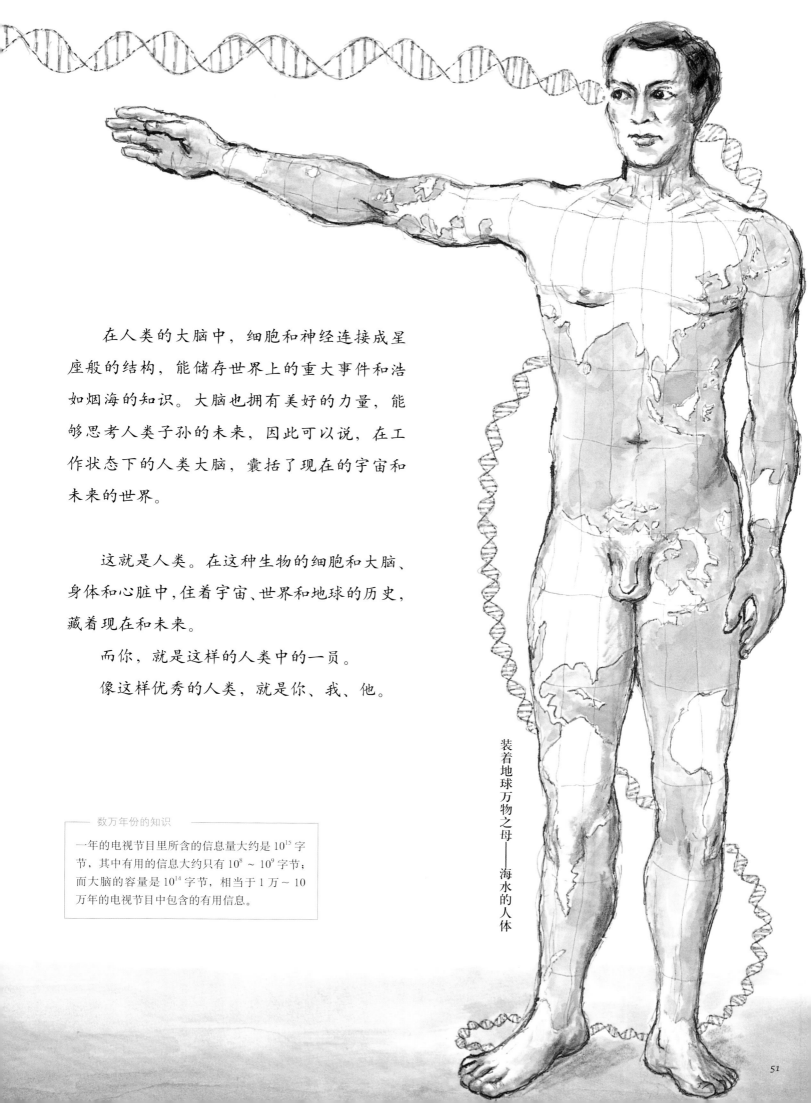

在人类的大脑中，细胞和神经连接成星座般的结构，能储存世界上的重大事件和浩如烟海的知识。大脑也拥有美好的力量，能够思考人类子孙的未来，因此可以说，在工作状态下的人类大脑，囊括了现在的宇宙和未来的世界。

这就是人类。在这种生物的细胞和大脑、身体和心脏中，住着宇宙、世界和地球的历史，藏着现在和未来。

而你，就是这样的人类中的一员。

像这样优秀的人类，就是你、我、他。

—— 数万年份的知识 ——

一年的电视节目里所含的信息量大约是 10^{15} 字节，其中有用的信息大约只有 $10^8 \sim 10^9$ 字节；而大脑的容量是 10^{14} 字节，相当于 1 万 ~ 10 万年的电视节目中包含的有用信息。

装着地球万物之母——海水的人体

创作笔记

《人类图鉴》的综合型构思

本书是继《河川》（1962年）、《海洋图鉴》（1969年）、《地球图鉴》（1975年）、《宇宙图鉴》（1978年）等书后，这一系列科学绘本中的又一作品。是本着"更宏大的对象、更宽广的视野及更深度的综合"的宗旨进行的创作。在《宇宙图鉴》脱稿之际——1977年的下半年，我开始投入本书的创作工作。

迄今为止，已经出版过的关于人类的书五花八门，比如作为生物的人和人类、生理医学中的人体、社会视野里的民族、产业技术中的人力和人类智慧、民族风俗方面的人类活动和生活、历史政治中的国民和人民、法律制度中的人事和人权、文化文明视野中的人文和人类社会，等等。但是，我这次创作的《人类图鉴》并不属于其中任何一种，而是包含了它们的全部，是采用更宽广的视野，对"人类"这个活生生的综合体进行的描绘。

幸运的是，在创作期间，有关人类的各个领域的研究都取得了突飞猛进的发展。这些成果引领着我，推动着我冲破种种困难与束缚，终于完成了这本绘本。

"科学"这门知识的力量

为了实现上述想法，我选择了三根支柱来作为本书的大框架。

第一根支柱，是确凿的科学知识及正确的见解和立场。这也是本书作为科学绘本所必需的。

人类是在地球上出现的生物之一，而地球是在宇宙中诞生的。所以，如果要用科学来分析人类，无论如何都绕不开有关宇宙的问题。于是，我把科学作为一个支柱，从宇宙的问题出发，寄望于用"知"的力量来解决关于人类的诸多问题。虽说各种创世神话与传说作为民众和部族的知识产物必须得到尊重，但是本书并不希望用随意的想象和寓言来诠释人类。同样，也不采纳任何与科学相悖逆的立场，诸如把科学视作核武器和环境公害问题根源的反科学主义，无视科学的作用、仅把政治和经济作为社会发展动力的科学无用论等。

人类诞生、成长和活动的基础

第二根支柱，是用"生命设计书"这一称谓及相关内容，来阐释对人类的基本理解和判断。

包括人类在内，生物的基本信息都记录在细胞内的DNA（脱氧核糖核酸）里，"从大肠杆菌中得到的真理也会适用于大象"*。而与此同时，"老鼠是老鼠，人是人"这句话也是成立的。二者有区别是因为，构成DNA的四类碱基（A、T、C、G）是按一定顺序排列的，不同生物的排列顺序千差万别。也正因为如此，人们常常将DNA比作"设计图"。

同时，因为DNA具有可变之处及与时间有关的性质，所以也可以将它比作"信息磁带""节目表""工程图""时间表"或"乐谱"。只不过，它不是一目了然的图谱，而

---

*译者注：这句话是法国生物化学家雅克·莫诺（Jacques Lucien Monod）说的。

是"描述型的资料",所以，本书中采用了"生命设计书"这一比喻。

另外，本书中相继列出了DNA、遗传密码、染色体等词汇，并对这些词的含义做出了解释。为此，我特意在几个地方加了附注，希望读者能更好地理解。

作为一种生物存在的人类

这个观点是本书的第三根支柱。人类不外乎是地球生物中的一种，所以本书排斥人类至上主义。

我们经常可以听到"人类是万物之灵"的论调，很多人都认为，人类与其他生物相比，有着本质上的不同。不仅如此，连"进化"这个概念本身都含有某种价值观和倾向，即把人类当做最高阶段，认为人类是发育得最好的生物。目前，这种倾向大有愈演愈烈之势。鉴于这种情况，本书决定尽可能不使用"进化"这个词，而是采用了"进化"（evolution）的本义，即"发展""变化""演化""改变""演变"等词汇。对于这些词汇，都对应其义，一一加以运用。

从这一支柱中不难看出，生物的历史并非只是弱肉强食、竞争杀戮的连续剧，更多的时候是大家相互影响、相互补充、共生共存，一起度过漫长的岁月，留下历史的足迹。

3大部分、23个场景的结构

根据上述三大支柱，真正投入该绘本的创作时，我是按照如下方法推进的：

（1）原始生命的诞生及其子孙——人类的出现
（第1～9个场景）
（2）人类的成长和身体各部分的机能
（第10～17个场景）
（3）人类的个人与集体活动及社会
（第18～23个场景）
共设定了3大部分，总计23个场景。

我从众多学术研究成果与资料中获得了"关于人类的方方面面"，但是我不想将这些都密密麻麻、巨细无遗地罗列成一本厚重的图鉴集。相反，我本着"越是曲折

复杂，就越要用简洁明快的方式来表达"的原则，在绘本中凭借图画和文字的配合来传达最重要的几点，将它们慢慢地展现在读者眼前。为了选择合适的画面和内容，并将它们进行压缩，我花费了十年以上时间。

绘画的表现和构思

绘本，是运用绘画和语言来进行表达的。为了将"绘本"这一形态最大限度地加以利用，我在每个场景里都展示了一个新主题，还利用视错觉等技巧，尽力增加作品的趣味性。我十分注意前后场景的连接和推移，在不产生信息断裂的前提下进行了适度的跳跃。

书中的插画都与旁边的注解文字在色彩和布局上对应，以更好地表现形态和情感。语言会对画面中没能表达出来的地方进行补充描绘，以便读者更好地理解。在画面的处理上，为了让小读者们也能觉得通俗易懂，我尽量朝着简单明了、合理具体、健康明快的方向努力。

比方说，在对内脏等器官进行说明时，我认为，即便是科学绘本，也没必要像解剖学教科书那样精确逼真地进行描画，而是尽量处理得赏心悦目些。有的书在处理裸体和技术知识等问题时，往往容易偏向漫画风或过度抽象，本书则力求在描绘时让读者能直观地感受到美的力量。

融入其中的一段个人回忆

除了上述构思，这本书中还蕴含着一段我的个人回忆，这是我无论如何都要提一句的。因为，那是一段难忘的回忆。大约是在10年前，我边工作边听着收音机里的一个儿童心理咨询节目。忽然，一个带着哭腔的女孩的声音引起了我的注意。那好像是一个上小学二年级的女孩在提问。她一上来就抽泣着说："昨天晚上我和妈妈一起泡澡时，看到妈妈的肚皮上没有刀疤，所以我想我一定不是妈妈生的，好伤心啊……"节目主持人开导劝慰了很久，可就是化解不了她的困惑和悲伤。最后，主持人无奈地说道："你这孩子啊，真傻……"之后，小女孩与主持人之间的这段问答就常常出现在我的脑海里，久久挥之不去。我本人就很不善于随机应变地作答，因

此无权批评节目里的主持人，但我会苦苦思索，有什么好办法能化解那个女孩的悲伤。为此，我找了许多性教育方面的书，但觉得它们回答得都不够充分。终于，在做这本绘本时，我在第12个场景开头的那段文字里写下了一段话，算是一个带着歉意的迟到的回答吧。当年的那个小女孩应该已经长成亭亭玉立的大姑娘了，没准儿她看到后会苦笑着说："您这回答也太迟了！"

对支持者的感谢

说这部作品太迟，是因为从起草和立意开始，迄今已经过了17个年头。这段时间，福音馆书店的松居直先生和编辑部的各位同仁对创作进度缓慢的我给予了热心的鼓励和非常耐心的等待，直至脱稿，他们一直陪同我"作战"。这本书得以出版，真要归功于大家的共同努力。

同时，仅以我个人的微薄之力是不足以完成这本书的。在此期间，多亏了各位尊敬的专家审阅、指导并提出意见，本书才终于得以完成。在此，特别列出他们的名字，略表我的感谢：

> 杉本大一（宇宙物理学）
> 中村桂子（生命科学）
> 米田满树（发育生物学）
> 下出久雄（内科呼吸系统病理学）
> 龟津　优（神经内科）
> 成濑　浩（精神科神经生物化学）
> 北川隆吉（社会学）
> 铃木万里（比较文化、文化理论）

经过上述这些历程，这本名为《人类图鉴》的科学绘本才终于呈现在读者面前。只是我才疏学浅又冥顽不化，也许没能好好把握机会，接受众位老师来之不易的指导，如果有任何不当之处，都是我的责任，敬请读者朋友们给予批评指正。正是因为有你们强有力的支持，我才非常荣幸地得以在《河川》出版之后的30余年间继续创作科学绘本。最后，请允许我在此向我的读者们表示衷心的感谢，谢谢大家！

场景19中的杰出科学家简介

阿伏伽德罗（Amedeo Avogadro，1776～1856）意大利科学家。他发现了阿伏伽德罗定律,并提出分子的概念及原子、分子的区别等重要化学问题。

阿基米德（Archimedes，前287～前212）古希腊哲学家、数学家、物理学家、静态力学和流体静力学的奠基人。阿基米德为浮体定律建立了基本的原理，还发现了杠杆原理。

爱迪生（Thomas Edison，1847～1931）美国发明家。一生共获得1000多项发明专利，有白炽灯、留声机、电影放映机等发明。

爱因斯坦（Albert Einstein，1879～1955）德裔物理学家，现代物理学的开创者、奠基人，他创立了相对论，为核能开发奠定了理论基础。

奥巴林（Александр Иванович Опарин，1894～1980）苏联生物化学家。提出生命起源的化学学说。

奥斯特瓦尔德（Wilhelm Ostwald，1853～1932）德国物理化学家。他提出了稀释定律，对电离理论和质量作用定律进行了验证。

巴斯德（Louis Pasteur，1822～1895）法国微生物学家、化学家，微生物学的奠基人之一。他创立了"巴氏消毒法"，发现被减毒的鸡霍乱和炭疽病病原菌能诱发免疫性。在狂犬病疫苗的研究上卓有贡献。

鲍林（Linus Pauling，1901～1994）美国著名化学家，量子力学和结构生物学的先驱者之一。著作《化学键的本质》被认为是化学史上最重要的著作之一。

毕达哥拉斯（Pythagoras，前580至前570之间～约前500）古希腊数学家、哲学家。他提出了著名的勾股定理。

玻尔（Niels Bohr，1885～1962）丹麦物理学家，哥本哈根学派创始人。于1913年提出氢原子结构和氢光谱的初步理论。后又提出"对应原理"。对量子论和量子力学的建立起了重要作用。

波耳兹曼（Ludwig Boltzmann，1844～1906）奥地利物理学家，在热力学和统计物理学方面有很大成就。

柏拉图（Platon，前427～前347）古希腊哲学家，与其老师苏格拉底、学生亚里士多德并称为古希腊三大哲学家。他是西方客观唯心主义的创始人。在教育上，主张教育应当由国家来组织，目的主要是培养统治者。

达尔文（Charles Darwin，1809～1882）英国博物学家。在著作《物种起源》中提出了生物进化学说。

道尔顿（John Dalton，1766～1844）英国化学家、物理学家。1808年发表"原子学说"。

德谟克里特（Dēmocritos，前460～约前370）古希腊哲学家，原子论的创始人之一。

笛卡儿（René Descartes，1596～1650）法国哲学家、物理科学家、数学家、生物学家。他创立了解析几何，是近代唯理论的创始人。

法拉第（Michael Faraday，1791～1867）英国物理学家、化学家。他首先发现了电磁感应现象，提出磁感应线和电场线的概念。

费米（Enrico Fermi，1901～1954）美籍意大利物理学家。他提出 β 衰变的定量理论，领导建成了世界首个原子核反应堆。

冯·诺伊曼（John von Neumann，1903～1957）美国数学家，1945年起陆续为研制电子数字计算机提供了基础结构性的方案。

伏打（Alessandro Volta，1745～1827）意大利物理学家。他制成了世界上第一个可以产生稳定持续电流的装置——伏打电堆。

弗莱明（Alexander Fleming，1881～1955）英国细菌学家。发现了青霉素。

富兰克林（Benjamin Franklin，1706～1790）美国著名政治家、科学家。他发明了避雷针，在研究大气电方面做出贡献。

伽利略（Galileo Galilei，1564～1642）意大利物理学家、天文学家，近代实验科学的奠基者之一。他建立了落体定律，发现物体的惯性定律和摆振动的等时性，还是利用望远镜观察天体取得大量成果的第一人。

高斯（Carl Friedrich Gauss，1777 ～ 1855）德国数学家、物理学家和天文学家。独立发现了"非欧几何学"。

哥白尼（Nicolaus Copernicus，1473 ～ 1543）波兰天文学家，近代天文学奠基人。他的《天体运行论》阐述了日心说，是天文学上的一次革命。

古登堡（Johannes Gutenberg，? ～ 1468）德国发明家。铅活字印刷的发明者。

海森伯（Werner Heisenberg，1901 ～ 1976）联邦德国物理学家，量子力学的创始人之一。

赫兹（Heinrich Hertz，1857 ～ 1894）德国物理学家。他首先发表了电磁波的发生和接受的实验论文，频率的国际单位以他的名字命名。

霍金（Stephen Hawking，1942 ～ 2018）英国物理学家，生前任剑桥大学教授，主要研究领域是宇宙和黑洞，提出过与黑洞相关的"霍金辐射"理论，还撰写了《时间简史》。

凯恩斯（John Maynard Keynes，1883 ～ 1946）英国经济学家。现代西方宏观经济学奠基者。

开普勒（Johannes Kepler，1571 ～ 1630）德国天文学家、物理学家、数学家。他提出了行星运动的三定律。

科赫（Robert Koch，1843 ～ 1910）德国细菌学家。细菌学奠基人，结核杆菌发现者。

拉瓦锡（Antoine Laurent de Lavoisier，1743 ～ 1794）法国化学家。他证明了燃烧属于氧化作用。

朗缪尔（Irving Langmuir，1881 ～ 1957）美国化学家、物理学家。发现氢气吸收大量热而离解为原子的现象，其结果被应用于原子氢焊接法。

黎曼（Bernhard Riemann，1826 ～ 1866）德国数学家，黎曼几何的创始人，复变函数论创始人之一。

伦琴（Wilhelm Röntgen，1845 ～ 1923）德国物理学家。他发现了 X 射线。

洛伦茨（Konrad Lorenz，1903 ～ 1989）奥地利动物学家、动物心理学家。建立了现代动物行为学。

玛丽·居里（Marie Curie，1867 ～ 1934）法国女物理学家、化学家，原籍波兰。她与居里先后发现了两种放射性元素

——钋和镭。她是两次获得诺贝尔奖的第一人。

孟德尔（Gregor Mendel，1822 ～ 1884）奥地利遗传学家，遗传学奠基人。他提出了"孟德尔定律"。

牛顿（Isaac Newton，1643 ～ 1727）英国物理学家、数学家、天文学家。他建立了经典力学的基本体系，人们常把经典力学称为"牛顿力学"。

欧几里得（Euclid，约前 330 ～前 275）古希腊数学家。他的《几何原本》是世界上最早的公理化数学著作。

帕斯卡（Blaise Pascal，1623 ～ 1662）法国数学家、物理学家、哲学家。他提出了"帕斯卡定理"。

皮亚杰（Jean Piaget，1896 ～ 1980）瑞士心理学家。发生认识论和皮亚杰学派创始人。

普朗克（Max Planck，1858 ～ 1947）德国物理学家，对量子论的发展有重大影响。

普里斯特利（Joseph Priestley，1733 ～ 1804）英国化学家。他发现了氧气等。

瓦特（James Watt，1736 ～ 1819）英国发明家。他改良了蒸汽机。

威尔金斯（Maurice Wilkins，1916 ～ 2004）英国分子生物学家。

威廉·汤姆孙（William Thomson，1824 ～ 1907）英国物理学家，创立了热力学温标。

魏格纳（Alfred Wegener，1880 ～ 1930）德国地球物理学家、气象学家，首创"大陆漂移说"。

沃森（James Watson，1928 ～ ）美国分子生物学家，与克里克共同发现了 DNA 双螺旋结构。

希波克拉底（Hippocratēs，约前 460 ～前 377）古希腊医师，西方医学奠基人。其医学观点对西方医学的发展有巨大影响。

薛定谔（Erwin Schrödinger，1887 ～ 1961）奥地利物理学家。量子力学奠基人之一。

亚里士多德（Aristoteles，前 384 ～前 322）古希腊哲学家。公元前 335 年在雅典创办吕克昂学园。

场景20中的杰出艺术家简介

奥森·威尔斯（Orson Welles，1915 ~ 1985）美国电影导演、演员。编导的著名电影有《公民凯恩》《奥赛罗》《审判》等。

巴尔扎克（Honoré de Balzac，1799 ~ 1850）法国作家，他创作的《人间喜剧》共90余部小说，写了2000多个人物。

巴赫（Johann Sebastian Bach，1685 ~ 1750）德国作曲家。作品有《赋格的艺术》《勃兰登堡协奏曲》等。

贝多芬（Ludwig van Beethoven，1770 ~ 1827）德国作曲家、钢琴家，维也纳古典乐派代表人物之一。代表作有《命运交响曲》《田园交响曲》等。

毕加索（Pablo Picasso，1881 ~ 1973）西班牙画家。书中展示的是他的名画《格尔尼卡》。

波提切利（Sandro Botticelli，1445 ~ 1510）意大利艺术家，他画的圣母子像非常出名。这里是他的名画《维纳斯的诞生》。

柴可夫斯基（Пётр Ильич Чайковский，1840 ~ 1893）俄罗斯作曲家。代表作品有《第六交响曲》、歌剧《黑桃皇后》、舞剧《天鹅湖》《睡美人》《胡桃夹子》等。

但丁（Dante Alighieri，1265 ~ 1321）意大利诗人，对意大利民族语言的统一有重大贡献，欧洲文艺复兴时代的开拓人物之一。以长诗《神曲》留名后世。

歌德（Johann Wolfgang von Goethe，1749 ~ 1832）德国诗人、剧作家、思想家。代表作有小说《少年维特之烦恼》、诗剧《浮士德》等。

葛饰北斋（1760 ~ 1849）日本浮世绘画家。这里是他的名画《神奈川海浪》。

海顿（Franz Joseph Haydn，1732 ~ 1809）奥地利作曲家，维也纳古典乐派代表人物之一。代表作有《惊愕》、清唱剧《创世纪》等。

海明威（Ernest Hemingway，1899 ~ 1961）美国作家，代表作有《老人与海》《太阳照样升起》《永别了，武器》等。

荷马（Homēros，约前9世纪~前8世纪）古希腊诗人。相传，他创作了史诗《伊利亚特》和《奥德赛》。也有人认为他是传说中虚构的人物。

罗丹（Auguste Rodin，1840 ~ 1917）法国雕塑家。书中展示的是他的作品《思想者》。

马克·吐温（Mark Twain，1835 ~ 1910）美国作家，作品以幽默和讽刺见长。代表作有《哈克贝利·费恩历险记》等。

米开朗琪罗（Michelangelo，1475 ~ 1564）意大利文艺复兴时期雕塑家、建筑师、画家和诗人。书中是他的雕塑《暮》。

米勒（Jean François Millet，1814 ~ 1875）法国画家，巴比松画派代表人物。书中是他的名画《播种者》。

莫里哀（Molière，1622 ~ 1673）法国剧作家、戏剧活动家。代表作品有《无病呻吟》《伪君子》《悭吝人》等。

莫扎特（Wolfgang Mozart，1756 ~ 1791）奥地利作曲家，维也纳古典乐派代表人物之一。有歌剧《费加罗的婚礼》等，有编号的交响曲41部。

普契尼（Giacomo Puccini，1858 ~ 1924）意大利歌剧作曲家，作品有《艺术家的生涯》《托斯卡》《蝴蝶夫人》等。

莎士比亚（William Shakespeare，1564 ~ 1616）英国剧作家。作品有《奥赛罗》《哈姆雷特》《李尔王》《麦克白》《威尼斯商人》等。

瓦格纳（Wilhelm Richard Wagner，1813 ~ 1883）德国作曲家、剧作家，代表作有《罗恩格林》《特里斯坦与伊索尔德》等。

西贝柳斯（Jean Sibelius，1865 ~ 1957）芬兰作曲家。主要作品有音诗《芬兰颂》等。

肖邦（Fryderyk Chopin，1810 ~ 1849）波兰作曲家和钢琴家。作品有《降E大调华丽大圆舞曲》《一分钟圆舞曲》等。

尤金·奥尼尔（Eugene O'Neill，1888 ~ 1953）美国剧作家。主要作品有《琼斯皇》《天边外》等。

（本部分内容由爱心树绘本馆编辑编写）

头骨比较

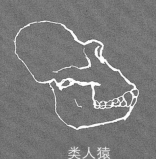

类人猿

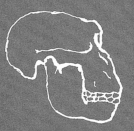

南方古猿

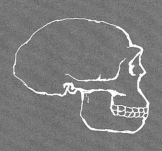

直立人

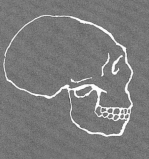

古老型智人

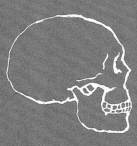

早期现代人

寿命比较

对于接近植物和原始动物的生物（如原生动物、海绵动物、刺胞动物和扁形动物等）来说，没有明确的"最长寿命"。

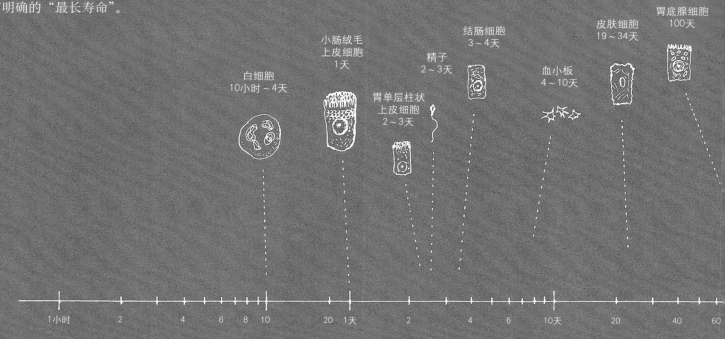

白细胞
10小时～4天

小肠绒毛
上皮细胞
1天

胃单层柱状
上皮细胞
2～3天

精子
2～3天

结肠细胞
3～4天

血小板
4～10天

皮肤细胞
19～34天

胃底腺细胞
100天

1小时　2　4　6　8　10　20　1天　2　4　6　10天　20　40　60

人体中各种各样的细胞

气管纤毛上皮细胞

皮肤中的圆柱细胞

皮肤中的棘细胞

皮肤中的颗粒细胞

胃黏液细胞

胃壁细胞

胃窦G细胞
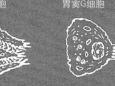

小肠柱状上皮细胞

小肠杯状细胞

血管内皮细胞

视网膜上的杆状细胞
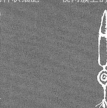

视网膜上的锥状细胞

内耳毛细胞

脂肪细胞